KB180169

조이앤베이킹 레시피북

베이킹에 즐거움을 더하다

조이앤베이킹 레시피북

—

2024년 6월 20일 1판 1쇄 인쇄
2024년 6월 25일 1판 1쇄 발행

—

지은이 이소연(조이앤베이킹)
펴낸이 이상훈
펴낸곳 책밥
주소 03986 서울시 마포구 동교로23길 116 3층
전화 번호 02-582-6707
팩스 번호 02-335-6702
홈페이지 www.bookisbab.co.kr
등록 2007.1.31. 제313-2007-126호

—

기획·진행 권경자
디자인 디자인허브

—

ISBN 979-11-93049-47-1 (13590)
정가 26,000원

책밥은 (주)오렌지페이퍼의 출판 브랜드입니다.

조이앤베이킹 레시피북

베이킹에 즐거움을 더하다

이소연 지음

책밥

Prologue

얼마 전 고등학생 때 생활기록부를 읽어보게 되었습니다. "평소 베이킹에 관심이 많아 직접 만든 쿠키를 친구들에게 포장하여 나누어 주는 등 나눔 정신이 투철함."이라는 글이 적혀 있었습니다. 평일에는 밤 11시까지 야간 자율학습을 하고, 주말에도 학원에 다니던 고3 수험생이 베이킹을 취미로 하는 것은 무리였을지도 모릅니다. 하지만 제가 만든 디저트를 맛있게 먹는 사람들의 표정을 보면 힘듦보다는 행복함이 더 크게 느껴졌습니다. 그때부터 파티시에를 꿈꾸기 시작했던 것 같습니다.

대학교에 진학하고 나서도 베이킹을 취미로 즐겨 했고, 친구들의 생일 케이크를 직접 만들어 선물하기도 했습니다. 대학원에 진학하고 직장인이 되어서도 베이킹을 지속할 수 있었던 건 마음 한구석에 자리 잡은 파티시에의 꿈이 크게 자리 하고 있었기 때문입니다.

연구원에서 파티시에로 직업을 바꾸기로 결심하면서 베이킹에 더욱 열중했습니다. 출근하기 전 2시간 동안 베이킹 책을 읽으며 이론을 공부하고 레시피를 짰습니다. 출퇴근 버스 안에서 SNS와 유튜브에 올릴 영상과 사진을 편집했습니다. 퇴근 후, 주말에는 레시피를 테스트하고 촬영을 진행했습니다. 어떻게 하면 예쁘게 만들 수 있는지 레시피와 함께 노하우도 공유했습니다. 그렇게 업로드한 저의 레시피들이 입소문을 타기 시작하면서 베이킹 인스타그램을 운영한 지 1년 만에 팔로워가 1만 명으로 늘었습니다. 더불어 클래스101에서 강의 제작 제안이 들어왔습니다. 그것을 계기로 퇴사를 결심하고 파티시에로 완전히 직업을 바꾸게 되었습니다. 이후 제과기능사,

제빵기능사를 취득하고, 르 꼬르동 블루 숙명 아카데미에서 제과 디플로마를 이수했습니다. 저에게 베이킹은 도전 정신을 불러일으키고, 성공과 실패를 통해 성취감을 느끼게 하는 자아실현 그 자체였습니다. 그래서 '조이앤베이킹'이라는 이름으로 단독 출간 제의가 들어왔을 때 이루 말할 수 없을 만큼 행복을 느꼈습니다.

이 책은 베이킹 초보자도, 예비 창업자도, 매장을 운영하는 사람들에게도 유용한 레시피를 만들자는 목표로 제작되었습니다. 모든 레시피는 여러 번의 수정을 거쳐 가장 맛있고 성공률 높은 공정만을 담았습니다. 그동안 SNS와 유튜브에 올렸던 인기 레시피가 일부 수록되어 있습니다만, 대부분이 클래스나 매장에서 판매할 목표로 만든 비공개 레시피를 모아 놓은 책입니다. 따라서 베이킹을 사랑하는 모든 이들에게 도움이 될 것이라고 생각합니다.

홈카페 디저트가 필요할 때, 직접 만든 선물을 하고 싶을 때, 매장에서 판매할 디저트가 필요할 때, 특별한 날은 아니지만 베이킹이 하고 싶을 때 언제든 이 책을 펼쳐 보시길 바랍니다. 만들기 쉬운 구움과자부터 식사 대용 스콘과 화려한 케이크까지 모두 모두 만날 수 있습니다. 이 책에 수록된 41가지의 레시피를 모두 만들어 본다면 앞으로 어떤 레시피를 만나더라도 두렵지 않을 거예요. 어떤 디저트를 만들지 고민하는 독자들의 모습을 상상하니 벌써부터 미소가 지어집니다.

마지막으로 이 책을 집필하는데 무한한 응원과 도움을 주신 부모님께 진심으로 감사드립니다. 책을 집필하는 동안 이 책의 탄생을 함께 기대하고 기다려 준 구독자분들에게도 감사의 마음을 전합니다.

조이앤베이킹 이소연

Contents

Cookie
쿠키

Madeleine
마들렌

Financier
피낭시에

스콘

파운드케이크

Tarte

타르트

Cake

케이크

기본 재료

| 달걀 달걀은 식감을 촉촉하게 하거나, 공기를 포집해 부풀리거나, 또는 수분량을 조절하는 역할을 한다. 품목에 따라 달걀 노른자와 흰자를 섞어서 사용하기도 하고 노른자와 흰자를 각각 분리해 사용하기도 한다.

| 버터 버터는 다양한 식감을 만들거나 깊은 풍미를 더할 때 혹은 공기를 포집해 부풀리거나, 노화를 지연시키는 등 중요한 역할을 한다. 소금의 첨가 유무로 가염버터와 무염버터로 나뉘며, 발효 유무에 따라 발효버터와 비발효버터로 나뉜다. 이 책의 쿠키, 스콘, 타르트, 케이크 파트에서는 비발효 앵커 무염버터를 사용했으며, 마들렌, 피낭시에, 파운드케이크 파트에서는 발효 앨르앤비르 무염버터를 사용했다.

| 밀가루 밀가루를 분류하는 기준은 나라마다 다르다. 우리나라에서는 단백질 함량에 따라 박력분(6~8%), 중력분(9~11%), 강력분(11~13%)으로 나뉜다. 이 책에서는 품목에 따라 다르게 사용했으며, 바삭하고 가벼운 식감을 주는 박력분과 촉촉함과 묵직한 식감을 주는 중력분을 사용했다. 강력분은 주로 제빵에서 사용된다.

| 바닐라빈 바닐라빈은 재배 지역에 따라 독특한 풍미와 향을 가지고 있다. 이 책에서는 마다가스카르산 바닐라빈을 사용했다. 바닐라빈 안에 있는 씨를 긁어 사용하며, 껍질은 완전히 건조시킨 후 믹서기에 갈아 바닐라파우더로 활용할 수 있다.

| 바닐라익스트랙 바닐라빈을 알코올에 숙성시킨 것이다. 반죽에 소량 투입하면 달걀이나 우유의 비린내를 잡을 수 있다.

| 설탕 제과에서 설탕은 단맛을 내고 노화를 늦춰주며, 식감을 촉촉하게 만들고 구움색을 진하게 내는 등 중요한 역할을 한다. 설탕의 양을 마음대로 줄이거나 늘리면 맛, 식감, 결과물에 좋지 않은 영향을 주게 되므로 레시피에 기재된 대로 넣는 것이 좋다. 이 책에서는 백설탕, 황설탕, 흑설탕을 품목에 따라 다양하게 사용했다.

| 우유/크림 우유는 영양소와 수분감을 더해 주고 구움색이 잘 나오게 하는 역할을 한다. 크림은 원유를 가공하여 수분을 줄이고 유지방을 높인 것이다. 동물성 크림은 원유를 원료로 만든 것이며, 일반적으로 마트에서 판매하는 생크림은 대부분 동물성 크림이다. 식물성 크림은 팜유, 야자유 등 식물성 기름을 원료로 유화제 등의 첨가물을 넣어 가공한 크림이다. 이 책에서는 앨르앤비르 동물성 크림(유지방 함량 35%)을 사용했다.

| 크림치즈 원유를 원료로 해서 만들며 종류와 브랜드에 따라 수분량, 유지방량, 산도 등이 각각 다르다.

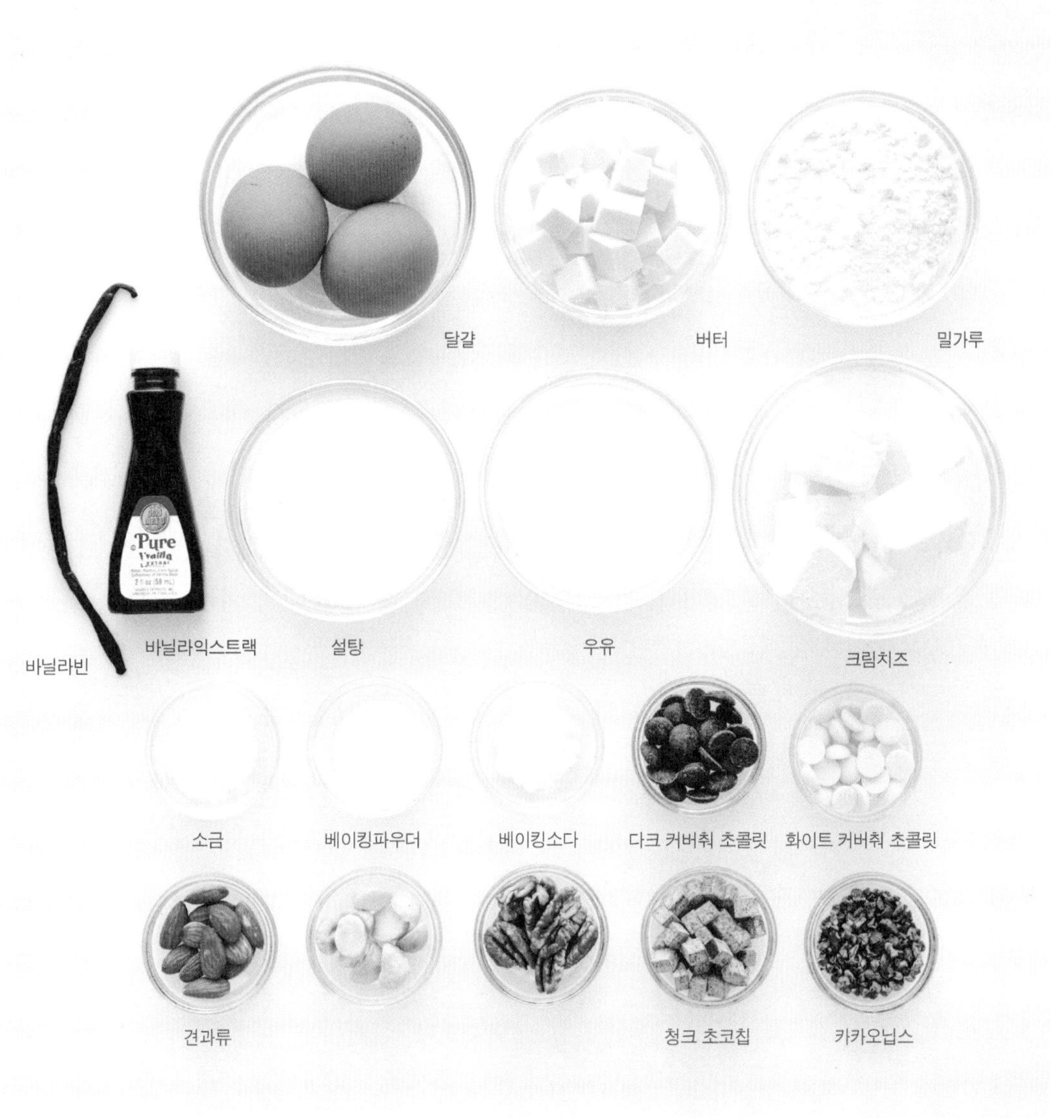

이 책에서는 끼리 크림치즈와 밀라 마스카르포네 치즈를 사용했다. 빵에 발라먹는 형태의 스프레드형 크림치즈는 사용하지 않았다.

| 소금　소금은 소량만 첨가해도 감칠맛을 끌어올리는 역할을 한다. 많이 넣으면 짤 수 있으므로 레시피를 지켜 사용할 것을 권한다. 미량저울을 사용하면 정확한 양을 지켜 넣을 수 있다.

| 베이킹파우더　베이킹파우더는 반죽을 부풀리는 팽창제 역할을 한다. 베이킹소다에 분산제 역할을 하는 전분과 중화제 역할을 하는 산성제가 함유된 것으로 제과에서 주로 사용된다.

| 베이킹소다　베이킹소다는 탄산수소나트륨 또는 중조라고도 부르며, 제과에서는 팽창제로 사용한다. 약알칼리성 물질이므로 반죽 속에 알칼리를 중화시

키는 산성 재료가 없거나 과도하게 사용하면 쓴맛이 난다. 베이킹소다와 베이킹파우더는 역할과 성질이 다르므로 레시피에 맞게 정확한 양을 넣어야 한다.

| 다크 커버춰 초콜릿 다크 커버춰 초콜릿은 카카오 버터, 카카오 매스, 설탕을 혼합하여 만든 것이며, 코팅 초콜릿은 카카오 버터 대신 식물성 유지(팜유) 등으로 대체하여 만든 것이다. 이 책에서는 칼리바우트 57~59%를 사용했다.

| 화이트 커버춰 초콜릿 화이트 커버춰 초콜릿은 카카오 버터, 설탕, 분유 등을 혼합하여 만든 것으로, 카카오 매스가 포함되어 있지 않아 색이 하얗다. 이 책에서는 칼리바우트 제품을 사용했다.

| 견과류 책에서는 품목에 따라 호두, 아몬드, 마카다미아, 피칸, 피스타치오 등 다양한 견과류를 사용했다. 모든 견과류는 전처리 후 사용했으며, 견과류 전처리 과정은 26쪽을 참고해 준비한다.

| 청크 초코칩 고온에서도 녹지 않게 가공된 초콜릿이다. 주로 데코레이션이나 필링용으로 사용하며 녹여서 사용하지는 않는다.

| 카카오닙스 카카오 열매의 씨앗을 가공하여 만든 것이다. 단맛이 없고 씁쓸한 맛이 강하다. 이 책에서는 데코레이션용으로 사용했다.

| 아몬드가루/헤이즐넛가루 아몬드 또는 헤이즐넛을 곱게 갈아서 만든 가루로, 밀가루의 일부를 대체해 사용하면 고소함과 촉촉함을 더할 수 있다.

| 분당/슈거파우더/데코스노우 설탕을 곱게 갈아 파우더 형태로 만든 것이다. 분당으로 판매되는 제품은 설탕이 100%이며, 시간이 지날수록 뭉침이 생길 수 있다. 슈거파우더는 분당에 전분을 소량 섞어서 뭉침을 방지한 제품이다. 분당을 슈거파우더로 대체할 시 전분 함량이 5% 이하인 것을 추천한다. 데코스노우는 분당에 전분과 식물성 유지를 넣어 물에 잘 녹지 않게 제조한 것으로 데코레이션용으로만 사용한다.

| 보늬밤 조림 밤의 겉껍질은 제거하고 속껍질은 남긴 형태로 설탕에 졸여 만든 것이다. 이 책에서는 간편하게 통조림을 사용했다. 남은 보늬밤은 시럽과 함께 냉장 보관하며 가급적 빠르게 섭취하는 것이 좋다.

| 건과일 과일의 수분을 날려서 보관성을 높인 재료이다. 이 책에서는 건크랜베리, 건망고, 건블루베리를 사용했다.

| 판젤라틴 판젤라틴은 제과에서 응고제로 사용한다. 얼음물에 불려 물기를 짠 후 반죽 속에 녹여서 사용한다. 사용 온도를 지켜야 응고제의 역할을 제대로 할 수 있다.

| 말차가루 말차가루는 녹차가루보다 향과 색이 진한 것이 특징이다. 이 책에서는 나리주카 말차가루를 사용했다.

| 얼그레이 찻잎 얼그레이는 베르가못 향을 입힌 홍차의 한 종류이다. 이 책에서는 트와이닝 티백의 찻잎만 사용했다.

| 코코아파우더 카카오 매스에서 카카오 버터를 추출하고 남은 것을 분말 형태로 만든 것이다. 알칼리화 과정을 거친 제품과 거치지 않은 제품으로 나뉘는데, 이 책에서는 발로나 코코아파우더를 사용했으며, 가능하면 알칼리화 된 코코아파우더를 사용하길 추천한다.

| 시나몬가루 시나몬가루는 향신료 중 하나로 달콤하고 독특한 향이 있다. 소량만 넣어도 존재감이 크므로 취향에 따라 넣는 양을 조절한다. 이 책에서는 심플리 오가닉 제품을 사용했다.

| 옥수수가루 옥수수를 말려서 곱게 가루로 만든 것이다. 옥수수 맛을 내는 다양한 품목에 활용할 수 있다. 밀가루 대신 사용할 경우 수분량을 잘 조절해야 반죽이 질어지는 것을 방지할 수 있다. 이 책에서는 꼬미다 제품을 사용했다.

| 콩가루 콩가루는 콩을 분쇄해서 만든 가루이다.

인절미를 만들 때 쓰는 것으로 제과에서도 활용할 수 있다. 이 책에서는 볶은 콩가루를 사용했다.

| 코코넛가루　코코넛을 건조해서 분말 형태로 만든 것이다. 코코넛 특유의 달콤한 향이 난다. 반죽에 넣을 때는 입자가 고운 것을, 데코레이션용으로는 입자가 큰 것을 사용한다.

| 옥수수 전분　옥수수 전분은 옥수수를 가공해서 만든 가루이다. 글루텐이 없으므로 밀가루의 일부를 대체해서 사용하면 부드럽고 가벼운 식감을 줄 수 있다.

| 딸기 잼/라즈베리 잼　과일을 가공해서 만든 잼이다. 이 책에서는 앤드로스 딸기 리플 잼과 본마망 산딸기 잼을 사용했다.

| 흑임자 페이스트　검은깨를 가공해서 걸쭉한 형태로 만든 것이다. 이 책에서는 선인 제품을 사용했다.

허브
제철 과일
식용유
물엿
꿀
레몬즙
유자청
식용 색소
럼
리큐르
MALIBU
MADE WITH CARIBBEAN RUM AND COCONUT FLAVOUR
ORIGINAL
KAHLÚA
THE ORIGINAL
COFFEE LIQUEUR
PALLINI
Limoncello
Liqueur
BACARDÍ
CARTA BLANCA
SUPERIOR WHITE RUM
ESTABLECIDO EN 1862
SANTIAGO DE CUBA
BACARDÍ
CARTA ORO
SUPERIOR GOLD RUM
ESTABLECIDO EN 1862
SANTIAGO DE CUBA

| 허브　장식으로 사용하거나 반죽 안에 넣어서 독특한 향을 더해 준다. 이 책에서는 로즈마리, 고사리 잎 등을 활용했다.

| 제철 과일　이 책에서는 오렌지, 딸기, 라즈베리, 블루베리, 레몬 등의 제철 과일들을 깨끗하게 세척 후 사용한다. 레몬이나 오렌지 등의 세척 및 전처리 방법은 29쪽을 참고해서 준비한다.

| 식용유　식물성 오일로 반죽에 넣으면 유연성과 촉촉함을 더해 준다. 이 책에서는 콩으로 만든 기름을 사용했다. 제과에서는 무색무취의 오일을 사용하는 것이 좋다.

| 물엿　단맛과 촉촉함을 더해 주는 역할을 한다. 설탕의 일부를 물엿으로 대체하면 단맛은 줄이고 보습성은 높일 수 있다. 특유의 향이 적으므로 다양하게 활용할 수 있다. 단독으로는 사용하지 않는다.

| 꿀　물엿과 비슷한 역할을 하지만 독특한 향이 있고 물엿보다 당도가 높다. 반죽 안에 넣을 땐 물엿과 꿀 중 어떤 것을 넣을지 고민하는 것이 좋다. 꿀은 광택제로도 사용할 수 있다.

| 레몬즙　레몬의 향과 신맛을 더해 주는 역할을 한다. 반죽 안에 넣거나 아이싱에 사용할 수 있다. 레몬을 직접 짜서 레몬즙을 내거나 시판 제품을 사용해도 된다. 이 책에서는 레이지 레몬주스를 사용했다.

| 유자청/패션후르츠청　과일을 손질해서 설탕에 절인 것이다. 주로 반죽 안에 사용할 때는 과육을 포함하고, 아이싱 등으로 활용할 때는 액체만 사용한다. 유자청은 다농원, 패션후르츠청은 노브랜드 제품을 사용했다.

| 식용 색소　반죽 안에 넣어 색을 더하는 재료이다. 이 책에서는 레드벨벳 케이크를 만들 때 윌튼 레드레드 색소를 사용했다. 수용성 색소를 사용해야 반죽과 잘 어우러진다.

| 리큐르　리큐르는 증류주 또는 발효주에 과일, 허브, 꽃 등의 성분을 넣어 맛과 향을 더한 술이다. 제과에서 표현하고자 하는 향을 진하게 내고 싶을 때 사용한다. 이 책에서 사용한 리큐르는 말리부, 깔루아, 리몬첼로이며, 각각 코코넛, 커피, 레몬 향이 난다.

| 럼　럼은 럼주라고도 부르며, 당밀을 발효시켜 증류한 술이다. 숙성을 얼마나 오래 하느냐에 따라 화이트 럼, 골드 럼, 다크 럼으로 나뉜다. 색이 진할수록 특유의 향 또한 진하다. 제과에서 독특한 향을 더하거나 잡내를 없애는 용도로 사용한다.

기본 도구

| 믹싱볼 믹싱볼은 반죽량에 따라 적절한 크기를 선택하는 것이 좋다. 믹싱볼이 재료에 비해 너무 크면 반죽이 골고루 섞이지 않고, 작으면 반죽이 넘칠 수 있다. 유리볼은 오염이 적고 세척하기 편리하지만 무겁고, 플라스틱볼은 가볍지만 오염되기 쉽고 잘 휘어진다. 스테인리스볼은 가볍고 내구성이 좋으며 세척이 편리하다. 이 책에서는 재료의 색깔을 자세히 표현하기 위해 유리볼을 사용했지만, 작업성을 위해서는 스테인리스 재질을 추천한다.

| 중탕볼 초콜릿을 녹이거나 재료를 데울 때 사용한다. 손잡이가 있는 스테인리스 재질을 사용하면 편리하다.

| 핸드믹서 반죽을 섞거나 크림과 달걀 흰자 등의 거품을 낼 때 사용한다. 주로 반죽량이 적을 때 사용하며, 반죽량이 많을 때는 핸드믹서 대신 스탠드믹서를 사용하는 것이 좋다. 이 책에서는 오펠 제품을 사용했다.

| 바믹서 초콜릿을 유화하거나 재료를 곱게 섞을 때 사용한다. 칼날이 위험하므로 다룰 때 특히 조심해야 한다. 이 책에서는 브라운 제품을 사용했다.

| 전자저울 재료를 계량하거나 반죽량을 분할할 때 사용한다. 제과에서는 1g 차이가 결과물에 큰 영향을 줄 수 있으므로 전자저울로 정확한 양을 측정하는 것이 중요하다. 소금, 베이킹소다, 베이킹파우더 등 소량 투입되는 재료는 소수점 단위로 측정되는 미량저울 사용을 추천한다.

| 푸드프로세서 재료를 곱게 다지거나, 갈거나, 섞을 때 사용한다. 이 책에서는 스콘 반죽, 견과류 프랄리네, 당근 케이크 등에서 다양하게 활용했으며 제니퍼룸 제품을 사용했다. 푸드프로세서를 사용할 때는 재료의 양에 따라 볼 크기를 적절한 것으로 선택하는 것이 좋다.

| 적외선 온도계 비접촉식 온도계로 반죽과 먼 거리에서도 반죽과 재료의 온도를 측정할 수 있다. 빠르게 측정할 수 있어서 편리하지만 정확도는 떨어진다. 이 책에서는 아쿠바 제품을 사용했다.

| 탐침 온도계 반죽과 재료에 직접 접촉시켜 정확한 온도를 측정할 수 있다. 측정 시간이 오래 걸리지만, 정확한 온도를 측정할 때 필요하다. 이 책에서는 카스 제품을 사용했다.

| 비커 주로 액상 반죽 또는 묽은 재료를 담을 때 사용한다. 주둥이가 뾰족해서 반죽을 부을 때 양 조절이 편리하며, 폭이 좁고 깊어서 공기 혼입을 줄여야 할 때도 유용하다.

믹싱볼
중탕볼
핸드믹서
바믹서
전자저울
푸드프로세서
DRETEC
acuba
적외선 온도계
탐침 온도계
비커

| 3mm 각봉　타르트지를 밀어 펼 때 사용한다. 반죽의 양옆에 두면 일정한 두께로 밀어 펼 수 있다.

| 1cm 각봉　케이크 시트를 일정한 두께로 자르거나 반죽 두께를 맞출 때 사용한다. 각봉은 두께가 다양하므로 목적에 맞게 적절한 크기를 선택한다. 1cm 각봉을 세우면 1.5cm 높이로 사용할 수 있다.

| 애플 코어러　사과 씨앗을 제거할 때 사용되는데, 이 책에서는 마들렌에 구멍을 내는 용도로 사용했다. 지름이 1.5~2cm인 것을 추천한다.

| 집게　주로 재료를 옮길 때 사용된다.

| 빵칼　주로 케이크 시트를 자를 때 사용한다.

| 스패출러　반죽을 일정하게 밀어 펴거나 크림 등을 바를 때 사용한다. 일자형(—)과 L자형이 있다. 이 책에서는 L자형 스패출러만 사용했다. 목적에 따라 큰 스패출러와 작은 스패출러를 적절하게 사용한다.

| 그라인더　치즈, 과일, 채소 등을 갈 때 사용하는 도구다. 이 책에서는 레몬 제스트를 만들거나 타르트지 겉면을 매끈하게 정돈할 때 사용했다.

| 밀대　반죽을 밀어 펼 때 사용한다. 재질, 두께, 길이 등이 다양하므로 본인에게 편한 것으로 준비한다.

| 실리콘 주걱　주로 반죽을 섞을 때 사용된다. 실리콘 주걱은 내열성이 있고 세척이 편리하므로 제과에 적합하다. 머리와 손잡이가 분리되지 않는 일체형을 추천한다. 큰 것과 작은 것을 모두 준비해서 목적에 따라 적절한 크기를 선택해 사용한다.

| 붓　반죽 윗면에 달걀물을 바르거나 완제품에 광택제를 바를 때 또는 틀에 버터를 칠할 때 등 다양하게 활용된다. 털이 잘 빠지지 않고 세척이 편리한 것으로 준비한다.

| 거품기(휘퍼)　반죽을 섞거나 거품을 올릴 때 사용한다. 크기가 다양하므로 반죽 양에 맞춰 적절한 크기를 선택하여 사용한다.

| 체망　가루를 체 치거나 데코스노우를 뿌릴 때 또는 반죽 등을 거를 때 사용한다. 망 사이가 촘촘한 가는 체는 반죽을 거를 때 주로 사용하고, 망 사이가 넓은 굵은 체는 가루 등을 체 칠 때 사용한다. 데코레이션 가루를 체 칠 땐 작은 체망을 사용하는 것이 좋다.

| 자　반죽 크기를 결정하거나 재단할 때 사용한다. 반죽에 직접 닿는 경우가 많으므로 잘 휘어지지 않고 세척이 편리한 것으로 고른다.

| 실리콘 매트　실리콘 재질로 만들어진 매트이며 구멍이 뚫려 있지 않다. 철판 위에 올려 쿠키, 스콘 등을 구울 때 사용할 수 있으며, 내열성이 뛰어나고 잘 찢어지지 않아 반영구적으로 사용할 수 있다. 사용 후 흐르는 물에 깨끗하게 세척하여 건조시킨다.

| 타공 매트　실리콘 재질로 만들어진 매트이며 구멍이 뚫려 있다. 구멍 사이로 공기가 순환하여 제품이 골고루 익도록 도와주며, 반죽의 바닥을 고정시켜 옆으로 퍼지는 것을 방지할 수 있다. 쿠키, 스콘, 타르트 등 다양한 품목에 활용할 수 있다. 사용 후 구멍 사이에 낀 반죽을 깨끗하게 세척한 후 건조시킨다.

| 돌림판　주로 케이크의 아이싱을 할 때 사용한다. 세척이 편리한 스테인리스 재질을 추천한다.

| 원형 틀　동그란 모양으로 구울 때 사용한다. 이 책에서는 높은 원형 1호 틀과 높은 원형 2호 틀을 사용했다.

| 무스 띠　무스 링 안에 끼워서 모양을 유지할 때 사용한다. 잘 구겨지지 않는 두꺼운 재질이 좋다.

| 오란다 틀(대)　파운드케이크나 식빵 등을 구울 때 사용된다.

| 구겔호프 틀　특유의 주름진 모양이 있는 틀이다. 반죽을 틀 안에 가득 넣으면 중앙에 뚫린 곳으로 안 익은 반죽이 떨어지므로 팬닝 양을 조절한다.

| 무스 링　무스 케이크를 만들거나 모양 유지가 중요

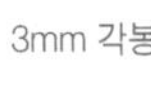

실리콘 매트
1cm 각봉
애플 코어러
3mm 각봉
빵칼
집게
스패출러
그라인더
밀대
SILPAT
Made in France
거품기
실리콘 주걱
붓
체망
자
SILPAIN
Made in France
Q43
타공 매트

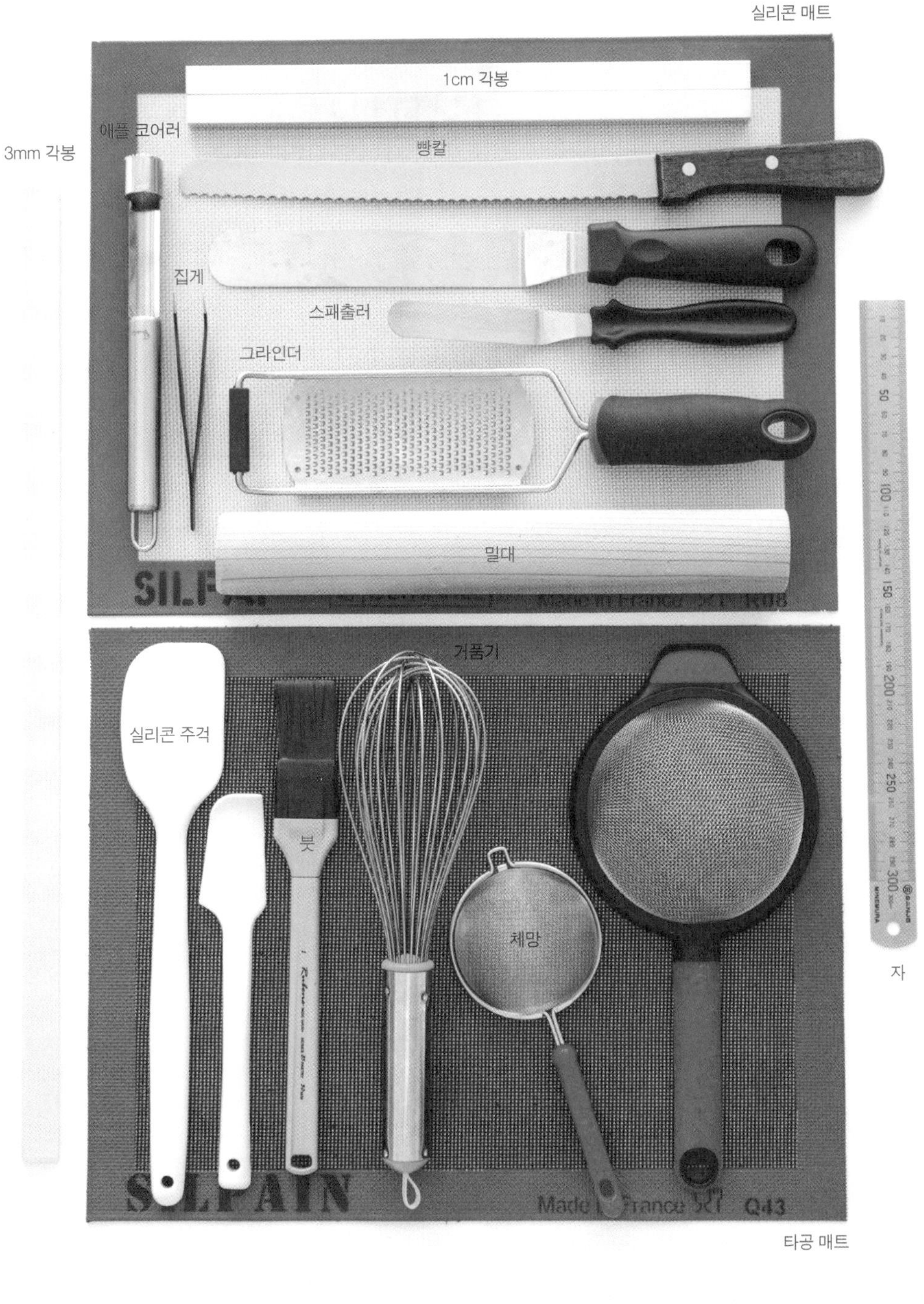

돌림판
원형 틀
무스 띠
철판
식힘망
무스 링
오란다 틀(대)
구겔호프 틀
테프론시트
종이포일

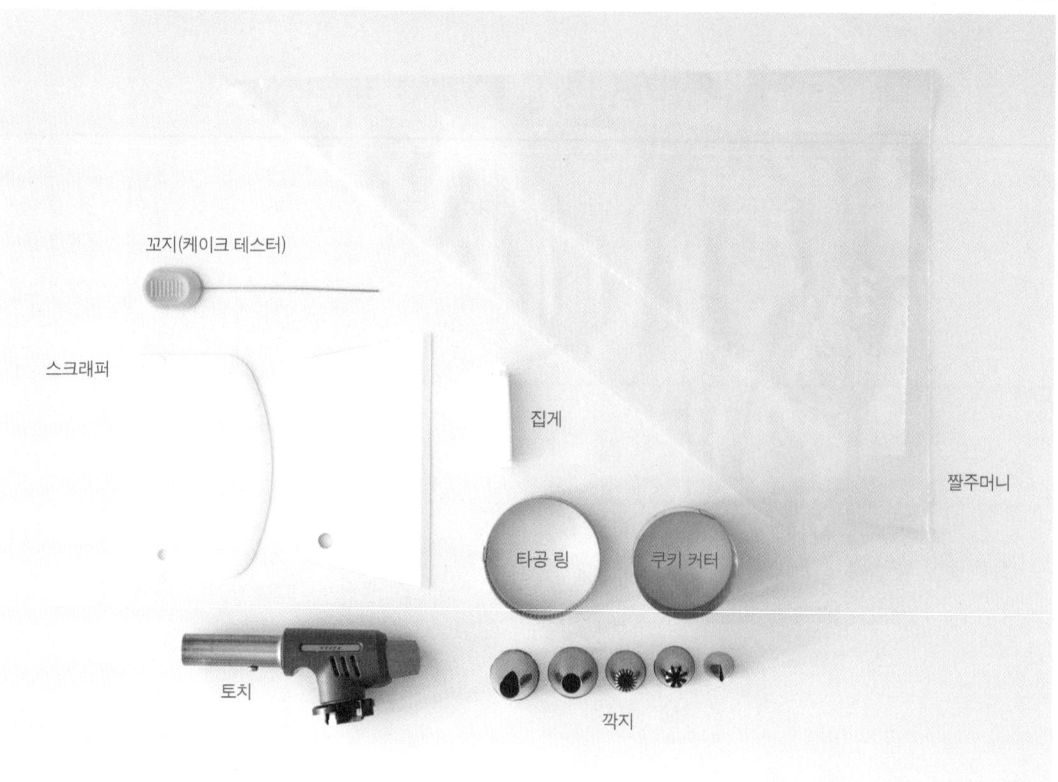
꼬지(케이크 테스터)
스크래퍼
집게
짤주머니
타공 링
쿠키 커터
토치
깍지

할 때 사용하는 틀이다. 목적과 제품에 따라 다양하게 사용되므로 틀 사이즈를 잘 확인한다.

| 테프론시트　철판 위에 올려 반죽이 달라붙지 않도록 해 주며, 가위로 재단하여 틀 안에 끼워서 유산지 대신 사용할 수 있다. 사용 후 깨끗하게 세척하여 건조시키면 오래 사용할 수 있다.

| 종이포일　테프론시트와 동일한 목적으로 사용된다. 구겨지거나 오염되기 쉬우므로 재사용하지 않는다.

| 식힘망　오븐에서 꺼낸 뜨거운 디저트를 식히는 용도로 사용된다.

| 철판　디저트를 오븐에서 굽기 위해 받치는 용도로 사용한다.

| 꼬지(케이크 테스터)　반죽 안에 찔러 넣어서 속까지 익었는지 확인할 때 사용한다.

| 스크래퍼　반죽을 섞거나 긁어모을 때 사용한다. 끝이 둥글거나 일자로 된 것 둘 다 준비해 필요에 맞게 사용한다.

| 토치　부탄가스에 결합하여 불을 붙여 활용할 수 있다. 틀을 데우거나 무스 링에서 무스 케이크를 분리할 때 사용한다. 불을 사용하는 것이라 위험하므로 다룰 때 주의가 필요하다.

| 깍지　짤주머니에 끼워서 반죽이나 크림을 짤 때 사용한다. 모양과 크기가 다양하므로 직접 보고 구매하는 것이 좋다.

| 타공 링　타공 형태로 된 링이며, 이 책에서는 타르트를 만들 때 사용했다. 두께와 사이즈가 다양하므로 목적에 맞춰 적절한 크기를 선택한다.

| 쿠키 커터　반죽을 찍거나 쿠키 등의 모양을 낼 때, 무스 케이크를 만드는 용도로 다양하게 사용한다. 이 책에서는 버터 스콘을 만들 때 사용했다.

| 집게　짤주머니 입구를 고정해서 반죽이 튀어나가지 않도록 도와준다.

| 짤주머니　반죽이나 크림을 채워 넣어 일정한 양을 짤 때 사용한다. 이 책에서는 일회용 비닐 짤주머니를 사용했으며, 반죽 양에 따라 적절한 크기를 선택한다.

베이킹 실험실

아래의 내용은 본격적인 베이킹 작업 전에 알아 두면 도움이 되는 몇 가지 사항을 정리한 것이다. 공통적으로 체크해야 할 사항과 더불어 이 책에서 소개하는 품목들을 작업할 때 도움이 되는 체크 포인트들을 함께 정리해 두었다. 작업 전 한번 더 살펴보고 해당 레시피를 하나하나 따라 해 본다면 가장 맛있고 성공률 높은 결과물을 만날 수 있을 것이다.

공통 체크 포인트

☑ 재료의 온도를 정확히 파악한다

재료의 온도가 너무 높거나 낮으면 반죽이 분리되거나 제대로 유화되지 않아 결과물에 큰 영향을 미친다. 특히 달걀, 버터, 크림, 초콜릿은 1~2℃의 차이로도 큰 변화를 일으킬 수 있다. 따라서 베이킹을 할 때는 온도계를 사용해 레시피에 적힌 온도를 정확히 지키는 것이 중요하다. 만약 재료가 차갑다면 사용하기 1~2시간 전에 미리 실온에 꺼내 두거나 전자레인지에 짧게 데워 준비한다. 초콜릿, 크림치즈 등 온도에 민감한 재료는 중탕으로 데운다. 이 책에서 표현한 실온 상태의 온도는 22~24℃이며, 그 밖의 온도는 레시피를 참고한다.

☑ 정확한 양을 계량한다

성공적인 베이킹의 기본은 정확한 양을 투입하는 것이다. 1~2g의 차이가 성공과 실패를 좌우하기 때문이다. 재료를 계량할 때는 1g 단위로 측정되는 전자저울을 사용하는 것이 좋다. 특히 베이킹파우더, 베이킹소다, 소금처럼 소량만 넣어도 결과물에 큰 영향을 주는 재료는 소수점 단위로 측정되는 미량저울의 사용을 추천한다.

☑ 오븐을 예열한다

오븐은 항상 예열 후 사용해야 한다. 예열하는 이유는 오븐 내부의 온도가 균일하게 뜨거워져야 제품의 구움색이 고르게 나고 골고루 익기 때문이다. 오븐 문을 열고 닫는 과정에서 오븐의 온도가 내려가므로 굽는 온도보다 15~20℃ 높여 15분 이상 예열하는 것이 좋다. 오븐을 예열하지 않으면 구움색이 연하고 레시피를 지켜도 덜 익는 경우가 생긴다.

☑ 내가 가진 오븐의 특성을 파악한다

오븐은 굽는 방식에 따라 전기 오븐, 컨벡션 오븐, 데크 오븐 등으로 나뉘며, 어떤 오븐을 사용하느냐에 따라 결과물이 달라진다. 또한 같은 브랜드의 오븐이라

할지라도 좌우 편차가 생기거나, 1~4단 위치에 따라서도 다르다. 따라서 내 오븐의 특성을 먼저 파악하는 것이 매우 중요하다. 아래의 내용은 내가 쓰고 있는 오븐의 특성을 파악하기 위한 방법이다.

▸ 오븐에 오븐 온도계를 넣어서 정확한 온도까지 올라가는지 확인한다. 설정한 온도보다 실제 오븐 온도가 낮다면 굽는 온도를 높이거나 굽는 시간을 늘려야 한다. 설정한 온도보다 높다면 굽는 온도를 낮추거나 굽는 시간을 줄여야 한다.

▸ 구움색이 고르게 나는지 확인한다. 만약 한쪽의 구움색이 진하다면 열 세기에 좌우 편차가 있는 것이다. 그럴 땐 굽는 시간의 70% 정도가 지났을 때 팬을 돌려주거나 틀 위치를 바꾸는 것이 좋다. 너무 빨리 위치를 바꾸면 반죽이 푹 꺼지거나 제대로 부풀지 않을 수 있다. 너무 늦게 바꾸면 이미 구움색이 진해져 큰 차이가 생기지 않는다. 오븐 문을 오래 열어 두면 열 손실이 커지므로 재빨리 진행한다.

▸ 오븐의 크기를 확인한다. 제과에서 추천하는 오븐은 30L 이상의 컨벡션 오븐이다. 컨벡션 오븐은 오븐 내부에 팬이 있어 열풍을 일으켜 제품이 골고루 익도록 도와준다. 오븐이 클수록 다양한 틀을 넣을 수 있고, 많은 양을 한번에 구울 수 있다. 오븐이 작으면 열선이 가까워서 제품이 타거나 골고루 익지 않을 수 있다. 오븐이 작을수록 적은 양을 굽는 게 좋으며, 열 손실이 크므로 예열 온도를 더 높이는 것이 좋다. 이 책에서 사용한 오븐은 스메그 디지털 컨벡션 오븐(모델명: ALFA43XE)이다.

☑ 코팅력이 좋은 틀을 사용한다

틀이나 몰드의 코팅력이 떨어지면 반죽이 달라붙어서 잘 떨어지지 않는다. 장시간 노력해서 만든 반죽이 무용지물이 되는 것이다. 따라서 버터 칠 없이도 잘 떨어지는 몰드를 사용하거나, 유산지나 종이포일을 깔아 두는 것이 매우 중요하다. 틀 안쪽에 버터를 칠하고 밀가루를 얇게 코팅하는 방법도 추천한다.

품목별 체크 포인트

☑ 쿠키

잘 구운 쿠키는 완전히 식힌 후 반으로 잘라 봤을 때 내부의 색이 일정하다. 또한 표면에 생긴 크랙이 건조하며 구움색이 진해진다. 만약 가운데 부분이 찐득하거나 색이 진한 경우, 밀가루나 원재료 맛이 진하게 나는 경우는 덜 익은 것이다. 쿠키는 분할 양에 따라 굽는 시간이 달라지므로 레시피에 적힌 양을 지키는 것이 중요하다. 만약 레시피보다 작게 굽고 싶다면 분할 양을 줄이고 굽는 시간도 줄인다. 레시피보다 크게 굽고 싶다면 분할 양을 늘리고 굽는 시간도 늘린다.

☑ 마들렌

마들렌은 만드는 방법이 어렵지는 않지만, 납작하게 구워지거나 배꼽으로 반죽이 새거나 또는 옆으로 퍼지는 등 결과물이 천차만별이라 고민인 사람이 많다. 만약 마들렌 굽기에 자꾸 실패해서 고민이라면 아래 사항을 체크해 보자.

▸ 깊은 몰드를 사용한다. 납작한 몰드를 사용하면 팬닝하는 반죽량 자체가 적으므로 부푸는 데 한계가 있다. 마들렌의 배꼽이 볼록하게 잘 올라오게 하려면 깊은 몰드를 사용하는 것이 좋다.

▸ 냉장 휴지 시간을 늘린다. 여러 번 테스트했을 때 냉장 휴지 시간이 짧을수록 낮게 부풀었고, 24시간 냉장 휴지 후 구운 것이 전체적으로 볼륨감 있고 배꼽도 잘 올라왔다. 따라서 최소 1시간 이상 냉장 휴지하는 것을 추천한다.

▸ 팽창제의 양을 정확하게 계량한다. 베이킹파우더가 적게 들어갈수록 낮게 부풀고 찐득한 식감이 생긴다. 많이 들어갈수록 옆으로 푹 퍼지고 식감도 푸석해진다.

▸ 반죽을 틀의 80~90%까지만 채운다. 팬닝 양이 적으면 부푸는 데 한계가 있고 오버 쿠킹될 수 있다. 팬닝 양

이 많으면 부푸는 모양을 틀이 잡아주지 못해 옆으로 퍼지거나 배꼽으로 흘러나온다.

▸ 과하게 섞지 않는다. 마들렌은 공기포집이 적고 오래 치대지 않을수록 예쁜 모양으로 구워진다. 이 책의 레시피는 버터를 녹이는 방법을 사용했으므로 달걀을 섞을 때만 공기가 많이 들어가지 않도록 한다. 가루 재료를 넣고 오래 치대면 식감이 달라지므로 모든 재료는 어우러질 때까지만 짧게 혼합한다.

☑ 피낭시에

피낭시에는 버터의 품질이 맛을 좌우한다. 맛있는 피낭시에를 만들고 싶다면 발효 고메버터를 사용하길 추천한다. 버터를 태우는 정도에 따라 풍미가 달라지므로 취향껏 태운다. 태운 버터를 반죽 안에 넣을 때 온도가 너무 뜨겁거나 낮으면 분리될 수 있다. 분리된 피낭시에 반죽은 구울 때 버터가 세어 나와 튀기듯이 구워진다. 이 경우 버터 향이 강하게 느껴져 느끼한 맛이 나고, 표면이 울퉁불퉁해서 모양이 예쁘지 않다. 또한 반죽 내부에 있어야 할 버터가 밖으로 빠져나가 시간이 흐를수록 식감이 푸석하고 풍미가 떨어진다. 따라서 태운 버터를 반죽 안에 넣을 때는 온도를 잘 지켜 골고루 유화되도록 해야 한다.

☑ 스콘

스콘을 만들 때 가장 중요한 것은 재료를 냉장 온도로 차갑게 준비하는 것이다. 재료의 온도가 높으면 반죽이 질척거려서 다루기 어렵고, 구웠을 때 결이 생기지 않거나 모양이 예쁘지 않다. 손으로 반죽하는 경우 재료의 온도가 높아지기 쉬우므로 틈틈이 냉장고에 넣어 반죽에 냉기를 먹인 후 작업하는 것이 좋다.

☑ 파운드케이크

이 책에서 사용한 파운드케이크의 반죽법은 대부분 크림법이다. 크림법은 버터의 공기포집 능력(크리밍성)으로 반죽을 부풀리는 성질을 이용한 제법이다. 버터는 보통 노란색을 띠지만 공기가 가득 들어갈수록 하얀색을 띤다. 버터가 너무 차갑거나 녹으면 공기가 포집되지 않으므로 실온에 둔 부드러운 상태로 준비한다. 크림법은 버터와 설탕을 휘핑한 후 달걀을 투입하는데, 이때 달걀이 차갑거나 고속으로 휘핑하면 버터의 지방과 달걀의 수분이 골고루 유화되지 않아 분리된다. 따라서 달걀은 버터와 비슷한 온도로 준비하며, 한 번에 많이 투입하지 말고 조금씩 투입한 후 충분히 휘핑하는 것이 좋다. 만약 반죽이 분리되었다면 밀가루를 소량 투입해 수분을 흡수시키면 어느 정도 분리를 잡을 수 있다.

☑ 타르트

이 책에서 사용한 타르트 반죽법은 사블라주법이다. 사블라주(Sablage)란, 제과에서 차가운 버터를 쪼개 밀가루와 혼합하는 방법이다. 이때 버터의 온도가 높으면 반죽이 질척거리므로 반드시 차갑게 준비한다. 또한 완성된 반죽을 충분히 차갑게 휴지하지 않으면 흐물거려 다루기 어렵고, 오븐에서 휘어지거나 울퉁불퉁하게 구워질 수 있다. 스테인리스 타공 링은 가격이 비싸지만 결과물이 균일하고 오랫동안 사용할 수 있어서 타르트 만들 때 활용할 것을 추천한다.

☑ 케이크

크림과 과일이 들어가는 케이크는 실온에 두면 변질되기 쉬우므로 반드시 냉장 보관하고 섭취 기간 내에 먹는 것이 좋다. 냉동 보관은 식감이 푸석거리거나 물이 생길 수 있으므로 추천하지 않는다. 가나슈, 크림치즈, 버터 크림 베이스의 케이크는 냉동 보관 후 자연 해동하여 섭취하도록 한다.

재료 전처리 방법

견과류 전처리 방법

호두 전처리

1 호두를 흐르는 물에 여러 번 세척해 불순물을 제거한다.

2 냄비에 호두가 잠길 만큼 물을 붓고 센 불로 끓인다.

3 물이 끓기 시작하면 주걱으로 저어가며 중간 불로 2~3분간 데친다.

4 찬물에 헹궈 물기를 털어낸 후 철판에 넓게 펼친다.

5 150℃로 예열한 오븐에 넣어 20분 전후로 굽는다.

Joy's Tip 호두 표면에 지방이 약간 새어 나올 때까지 구워 주세요. 손으로 갈랐을 때 똑 소리가 나야 합니다. 호두 크기, 오븐 열에 따라 굽는 시간을 조절하세요.

6 완전히 식힌 후 지퍼백에 담아 냉동 보관한다(최대 2개월).

피칸 전처리

1 피칸을 흐르는 물에 여러 번 세척해 불순물을 제거한다.

2 냄비에 피칸이 잠길 만큼 물을 붓고 센 불로 끓인다.

3 물이 끓기 시작하면 주걱으로 저어가며 중간 불로 1~2분간 데친다.

4 찬물에 헹궈 물기를 털어낸 후 철판에 넓게 펼친다.

5 150℃로 예열한 오븐에 넣어 15분 전후로 굽는다.

Joy's Tip 피칸 표면에 지방이 약간 새어 나올 때까지 구워 주세요. 손으로 갈랐을 때 똑 소리가 나야 합니다. 피칸 크기, 오븐 열에 따라 굽는 시간을 조절하세요.

6 완전히 식힌 후 지퍼백에 담아 냉동 보관한다(최대 2개월).

1 2 3 4 5 6

아몬드 전처리

1 아몬드를 흐르는 물에 세척해 물기를 털어낸 후 철판에 넓게 펼친다.

2 150℃로 예열한 오븐에 넣어 12분 전후로 굽는다.

Joy's Tip 아몬드는 구울수록 고소함이 진해져요. 반으로 잘랐을 때 연한 갈색이 되면 좋습니다. 사용 용도 또는 취향에 따라 굽는 시간을 조절하세요.

3 완전히 식힌 후 지퍼백에 담아 냉동 보관한다(최대 2개월).

1

2

3

마카다미아 또는 헤이즐넛 전처리

1 마카다미아 또는 헤이즐넛을 흐르는 물에 세척해 물기를 털어낸 후 철판에 넓게 펼친다.

2 150℃로 예열한 오븐에 넣어 10분 전후로 굽는다.

3 겉면에 살짝 유분이 보이면서 옅은 갈색이 되면 꺼낸다.

Joy's Tip 마카다미아, 헤이즐넛, 캐슈넛 등 껍질이 없는 견과류는 오래 구우면 타기 쉬워요. 사용 용도 또는 취향에 따라 굽는 시간을 조절하세요. 헤이즐넛은 반으로 잘랐을 때 갈색을 띨수록 고소해요.

1

2

3

견과류 전처리 할 때 주의사항

- 견과류는 한 번 전처리할 때 넉넉하게 해 두면 두고두고 사용할 수 있어요. 지퍼백에 전처리한 날짜를 적어 두면 섭취기한 내에 사용할 수 있어요.
- 냉동 보관 기간이 길어질수록 맛이 변질되기 쉬우므로 가능한 섭취기한 내에 사용하세요.
- 견과류는 오븐에서 꺼낸 후 식으면서 더 바삭해져요. 만약 식힌 후에도 눅눅하다면 오븐에 넣어 추가로 더 굽는 게 좋아요.

레몬 & 오렌지 전처리 방법

1 믹싱볼에 레몬(또는 오렌지), 베이킹소다 1스푼, 식초 1스푼, 물을 넣고 1분간 그대로 둔다.

Joy's Tip 레몬이 잠길 만큼 물을 부어야 합니다. 레몬 양이 많다면 베이킹소다와 식초의 양을 늘려도 됩니다.

2 흐르는 물에 세척한 후 소금으로 표면을 문지른다.

3 뜨거운 물에 10초간 데친다.

4 차가운 물로 헹군 후 물기를 닦는다.

5 지퍼백에 담아 사용 전까지 냉장 보관한다.

Joy's Tip 냉장 보관 시 일주일 내로 사용하세요.

1 2 4 5

3

Cookie

아메리칸 쫀득 초코칩 쿠키

르뱅 쿠키

솔티 캐러멜 넛츠 쿠키

말차 화이트 라즈베리 쿠키

인절미 호두 크랜베리 볼 쿠키

갈레트 브루통

Part 1에서는 국내외에서 사랑받는 다양한 스타일의 쿠키들로 구성했어요. 이제는 디저트 숍 스테디 품목으로 자리 잡은 겉바속촉 르뱅 쿠키와 답례품으로 핫한 볼 쿠키, 갈레트 브루통 등을 만나볼 수 있답니다. 쫀득한 식감의 솔티 캐러멜 넛츠 쿠키와 묵직한 식감의 말차 화이트 라즈베리 쿠키도 매력적이에요. 어떤 쿠키를 만들까 고민된다면 가장 먼저 소개할 아메리칸 쫀득 초코칩 쿠키를 추천해요. 베이킹 초보자들도 쉽게 만들 수 있고 무엇보다 정말 맛있으니 한번 도전해 보세요.

아메리칸 쫀득 초코칩 쿠키

아메리칸 쿠키 특유의 달콤하고 쫀득한 식감이 도드라진 쿠키예요.
태운 버터의 풍미와 한 입만 베어 물어도 입안 가득 퍼지는 초코 향을 느껴보세요.

재료 8개 분량

쿠키 반죽	무염버터 120g, 백설탕 55g, 흑설탕 110g, 소금 1g, 달걀 50g, 바닐라 익스트랙 2g, 중력분 155g, 베이킹소다 2g, 다크 커버춰 초콜릿(칼리바우트 57%) 120g
토핑	말돈 소금 약간(생략 가능)

도구

냄비, 지름 18cm 믹싱볼, 거품기, 실리콘 주걱, 체망, 랩, 실리콘 매트(또는 테프론시트), 식힘망

준비 작업

- 무염버터는 깍둑썰기 해서 준비하세요.
- 모든 재료는 실온에 꺼내 미리 준비하세요.
- 다크 커버춰 초콜릿은 1cm 정도 크기로 다져서 준비하세요(칼리바우트 제품은 바로 사용).

맛 변형 Tip

- 단맛을 줄이고 싶다면 카카오 함량이 높은 커버춰 초콜릿(60~70%)을 사용하세요.

Recipe

쿠키 반죽 & 마무리

1 냄비에 무염버터를 넣고 중불에서 실리콘 주걱으로 저어가며 태운다.

2 버터가 진한 갈색이 되면 믹싱볼로 전부 옮겨서 50~55℃로 식힌다.

Joy's Tip 냄비 아래에 얼음물을 두면 더 빨리 식힐 수 있어요. 체망에 거르지 말고 바로 사용하세요.

3 백설탕, 흑설탕, 소금을 넣고 거품기로 골고루 섞는다.

4 달걀과 바닐라익스트랙을 넣고 거품기로 골고루 섞는다.

5 중력분과 베이킹소다를 체 쳐 넣고 가루가 80% 사라질 때까지 실리콘 주걱으로 섞는다.

6 다크 커버춰 초콜릿을 넣고 가루가 보이지 않을 때까지 잘 섞는다.

7 8 9 10

7 랩으로 밀착 랩핑한 후 2시간 냉장 휴지한다.

Joy's Tip 휴지가 끝나면 오븐을 190℃로 20분간 예열하세요.

8 반죽을 8개(개당 약 74g)로 분할해 동그랗게 뭉친 후 실리콘 매트에 팬닝한다.

Joy's Tip 반죽 윗면에 초코칩을 토핑해서 구우면 더욱 먹음직스럽습니다. 옆으로 퍼지는 반죽이므로 간격을 충분히 두세요.

9 예열한 오븐에 넣어 180℃에서 14분 전후로 굽는다.

Joy's Tip 구움색이 연하거나 쿠키를 살짝 들어 올렸을 때 반죽이 달라붙는다면 굽는 시간을 더 늘려주세요.

10 말돈 소금을 토핑한 후 식힘망에 올려 완전히 식힌다.

Joy's Tip 잠시 식힌 후 옮겨야 모양이 망가지지 않습니다.

섭취 및 보관 실온 3~4일, 냉동 3주

르뱅 쿠키

뉴욕 르뱅 베이커리에서 시작된 두툼하고 부재료가 풍부하게 들어간 쿠키예요.
호두와 초코칩이 가득해서 쿠키 하나만 먹어도 포만감이 느껴진답니다.

재료

8개 분량

쿠키 반죽	무염버터 94g, 백설탕 40g, 흑설탕 74g, 소금 1g, 달걀 50g, 중력분 150g, 베이킹소다 2g, 베이킹파우더 2g, 다크 커버춰 초콜릿(칼리바우트 57%) 150g, 구운 호두 150g

도구

지름 18cm 믹싱볼, 핸드믹서, 실리콘 주걱, 체망, 랩, 실리콘 매트(또는 테프론시트), 식힘망

준비 작업

- 모든 재료는 실온 상태로 준비하세요.
- 호두 전처리 방법은 26쪽을 참고해 준비하세요.
- 다크 커버춰 초콜릿과 구운 호두는 1cm 정도 크기로 다져서 준비하세요(칼리바우트 제품은 바로 사용).

맛 변형 Tip

- 단맛을 줄이고 싶다면 카카오 함량이 높은 커버춰 초콜릿(60~70%)을 사용하세요.
- 중력분의 최대 10%만큼을 원하는 가루 재료(코코아파우더, 말차가루, 쑥가루, 흑임자가루, 황치즈가루 등)로 대체해도 됩니다. 다만 밀가루와 그 외 가루 양의 총합은 150g을 유지하세요.
  (예) 중력분 135g + 말차가루 15g = 총 150g
- 코코아파우더로 대체할 경우 베이킹소다는 1g만 넣으세요.
- 황치즈가루는 퍼짐성이 크므로 넣는 양을 줄이되 최대 10g까지만 넣으세요.

Recipe

쿠키 반죽&마무리

1 믹싱볼에 무염버터를 넣고 모양이 풀어질 때까지만 핸드믹서 중속으로 짧게 휘핑한다.

2 백설탕, 흑설탕, 소금을 넣고 어우러질 때까지만 중속으로 휘핑한다.

Joy's Tip 버터 색이 밝아질 때까지 오래 휘핑하면 푹 퍼지는 쿠키가 되니 짧게 섞어 주세요.

3 달걀을 넣고 중속으로 골고루 휘핑한다.

4 중력분, 베이킹소다, 베이킹파우더는 체 쳐서 넣는다.

5 가루가 80% 사라질 때까지 실리콘 주걱으로 섞는다.

6 다진 다크 커버춰 초콜릿과 전처리해 구운 호두를 넣는다.

7 가루가 보이지 않을 때까지 실리콘 주걱으로 섞는다.

8 랩으로 밀착 랩핑한 후 2시간 냉장 휴지한다.

Joy's Tip 휴지가 끝나면 오븐을 190℃로 20분간 예열하세요.

9 반죽을 8개(개당 약 86g)로 분할해 동그랗게 뭉친 후 실리콘 매트에 팬닝한다.

Joy's Tip 충분한 간격을 두고 팬닝해야 달라붙지 않습니다.

10 예열한 오븐에 넣어 180℃에서 17분간 굽는다.

Joy's Tip 구움색이 연하거나 쿠키를 살짝 들어 올렸을 때 반죽이 달라붙는다면 굽는 시간을 더 늘려주세요.

11 식힘망에 올려 완전히 식혀 마무리한다.

Joy's Tip 잠시 식힌 후 옮겨야 모양이 망가지지 않습니다.

섭취 및 보관 실온 3~4일, 냉동 3주

솔티 캐러멜 넛츠 쿠키

캐러멜라이즈드 견과류 분태와 단짠 단짠의 캐러멜소스가
고소함과 달콤함의 하모니를 이루는 쿠키예요.

재료

8개 분량

쿠키 반죽	무염버터 100g, 황설탕 110g, 소금 2g, 달걀 50g, 캐러멜소스 25g, 중력분 160g, 베이킹소다 2g
캐러멜라이즈드 견과류	구운 견과류(헤이즐넛, 아몬드, 호두) 150g, 백설탕 75g, 물 20g, 소금 1g
캐러멜소스	백설탕 100g, 생크림 100g, 무염버터 10g, 소금 1g
토핑	말돈 소금 약간(생략 가능), 캐러멜소스 25g

도구

냄비, 지름 18cm 믹싱볼, 핸드믹서, 실리콘 주걱, 체망, 랩, 짤주머니, 실리콘 매트(또는 테프론시트), 식힘망

준비 작업

- 모든 재료는 실온 상태로 준비하세요.
- 견과류 전처리 방법은 26쪽을 참고해 준비하세요. 견과류는 취향에 따라 대체해도 됩니다.

Recipe

캐러멜라이즈드 견과류

1 전처리한 견과류(헤이즐넛, 아몬드, 호두)는 칼로 큼직하게 다진다.

2 냄비에 물과 백설탕을 넣는다.

3 118℃까지 시럽을 끓인다.

Joy's Tip 주걱으로 저으면 설탕이 결정화되므로 시럽을 저어야 할 때는 냄비째 천천히 돌려주세요.

4 불을 끈 상태에서 견과류와 소금을 넣고 실리콘 주걱으로 저어 준다.

Joy's Tip 설탕이 하얗게 결정화될 때까지 저어주세요.

5 다시 불을 켜고 갈색이 될 때까지 저어가며 캐러멜화 한다.

Joy's Tip 오븐에 한번 더 구울 것이므로 색을 진하게 내지 마세요. 센 불은 탈 수 있으니 중불에 두세요.

6 실리콘 매트에 5의 재료를 넓게 펼쳐서 완전히 식힌다.

Joy's Tip 완전히 식힌 후 토핑하기 좋은 크기로 손으로 부숴 사용하세요. 시간이 흐를수록 끈적하게 변하니 바로 사용하지 않을 경우 냉동 보관하세요(최대 7일).

캐러멜소스

1 바닥이 두꺼운 냄비에 백설탕을 얇게 한 겹 깔고 약한 불로 녹인다.

2 설탕이 녹은 자리에 다시 설탕을 뿌리는 과정을 반복한다.

Joy's Tip 이때 실리콘 주걱으로 저으면 결정이 생길 수 있으므로 절대 젓지 마세요. 저어야 할 경우 냄비째 크게 회전시키세요.

3 설탕이 전부 녹으면 데운 생크림(70~80°C)의 1/3을 넣고 실리콘 주걱으로 섞는다. 완전히 섞이면 나머지 생크림을 천천히 넣으면서 실리콘 주걱으로 계속 섞는다.

Joy's Tip 차가운 생크림을 넣으면 캐러멜이 굳으므로 반드시 뜨겁게 준비하세요. 생크림을 투입할 때는 매우 뜨거우니 조심하세요.

4 생크림이 완전히 섞이면 불을 끄고 무염버터와 소금을 넣은 후 실리콘 주걱으로 저어가며 녹인다.

Joy's Tip 캐러멜 색이 연할수록 단맛이 진하고, 진할수록 풍미는 깊지만 쓴맛이 납니다.

5 소독한 유리용기에 담아 최대 1개월간 냉장 보관 가능하며, 사용 시에는 짤주머니에 담아 사용한다.

Joy's Tip 남은 캐러멜소스는 빵이나 스콘에 발라 먹거나, 음료용 소스 또는 구움과자 반죽에 넣어 단맛과 캐러멜 향을 더할 수 있습니다.

1 2 3 3-1 4 4-1 5

쿠키 반죽&마무리

1 믹싱볼에 무염버터를 넣고 모양이 풀어질 때까지만 핸드믹서 중속으로 짧게 휘핑한다.

2 황설탕, 소금을 넣고 중속으로 어우러질 때까지만 골고루 휘핑한다.

Joy's Tip 버터 색이 밝아질 때까지 오래 휘핑하면 푹 퍼지는 쿠키가 되니 짧게 섞어 주세요.

3 달걀을 넣고 중속으로 어우러질 때까지만 골고루 휘핑한다.

4 캐러멜소스를 넣고 어우러질 때까지만 짧게 휘핑한다.

5 중력분, 베이킹소다를 체 쳐 넣고 가루가 보이지 않을 때까지 실리콘 주걱으로 섞는다.

6 랩으로 밀착 랩핑한 후 1시간 냉장 휴지한다.

Joy's Tip 휴지하는 동안 캐러멜라이즈드 견과류를 만들어 두세요. 휴지가 끝나면 오븐을 190℃로 20분간 예열하세요.

7 반죽을 8개(개당 약 54g)로 분할해 동그랗게 뭉친다.

Joy's Tip 손에 잘 달라붙는 반죽이니 덧가루(강력분)를 묻혀 가면서 작업하세요.

8 쿠키 윗면에 캐러멜라이즈드 견과류를 올려 실리콘 매트에 팬닝한다.

Joy's Tip 손으로 꾹 눌러서 견과류가 완전히 붙도록 해 주세요. 옆으로 퍼지는 반죽이므로 간격을 충분히 두세요.

9 예열한 오븐에 넣어 180℃에서 12분 전후로 굽는다.

Joy's Tip 구움색이 연하거나 쿠키를 살짝 들어 올렸을 때 반죽이 달라붙는다면 굽는 시간을 더 늘려 주세요.

10 캐러멜소스를 사선으로 뿌리고 말돈 소금으로 토핑한다.

11 식힘망에 올려 완전히 식혀 마무리한다.

Joy's Tip 뜨거울 때 옮기면 모양이 망가질 수 있습니다.

섭취 및 보관 실온 2일, 냉동 3주

말차 화이트 라즈베리 쿠키

씁쓸하고 향긋한 말차 향과 라즈베리 잼의 상큼함이 잘 어울리는 쿠키예요.
화이트 초코칩과 구운 호두가 말차의 쓴맛을 중화해
말차 입문자들도 좋아할 만한 쿠키랍니다.

재료 8개 분량

쿠키 반죽	무염버터 100g, 황설탕 110g, 소금 1g, 달걀 50g, 중력분 160g, 말차가루 14g, 베이킹소다 1g, 베이킹파우더 2g, 화이트 커버춰 초콜릿 30g, 구운 호두 20g, 라즈베리 잼 80g(시판용)

도구

지름 18cm 믹싱볼, 핸드믹서, 실리콘 주걱, 수저, 체망, 랩, 짤주머니, 실리콘 매트(또는 테프론시트), 식힘망

준비 작업

- 모든 재료는 실온 상태로 준비하세요.
- 26쪽을 참고해 전처리한 호두는 다져서 준비하세요.
- 가루 재료들은 미리 섞어서 준비하세요.

맛 변형 Tip

- 말차가루는 원하는 가루 재료(중력분, 코코아파우더, 쑥가루, 흑임자가루, 황치즈가루 등)로 대체해 활용할 수 있습니다.
- 호두 대신 피칸, 아몬드, 마카다미아 등으로 대체해도 좋습니다. 견과류 전처리 방법은 26쪽을 참고하세요.

Recipe

쿠키 반죽&마무리

1 믹싱볼에 무염버터를 넣고 모양이 풀어질 때까지만 핸드믹서 중속으로 짧게 휘핑한다.

2 황설탕, 소금을 넣고 중속으로 어우러질 때까지만 골고루 섞는다.

Joy's Tip 버터 색이 밝아질 때까지 오래 휘핑하면 푹 퍼지는 쿠키가 되니 짧게 섞어 주세요.

3 달걀을 넣고 중속으로 어우러질 때까지만 골고루 섞는다.

4 중력분, 말차가루, 베이킹소다, 베이킹파우더를 체 쳐 넣고 가루가 80% 사라질 때까지 실리콘 주걱으로 섞는다.

5 화이트 커버춰 초콜릿과 구운 호두를 넣고 가루가 보이지 않을 때까지 골고루 섞는다.

6 랩으로 밀착 랩핑한 후 1시간 냉장 휴지한다.

Joy's Tip 휴지가 끝나면 오븐을 190℃로 20분간 예열하세요.

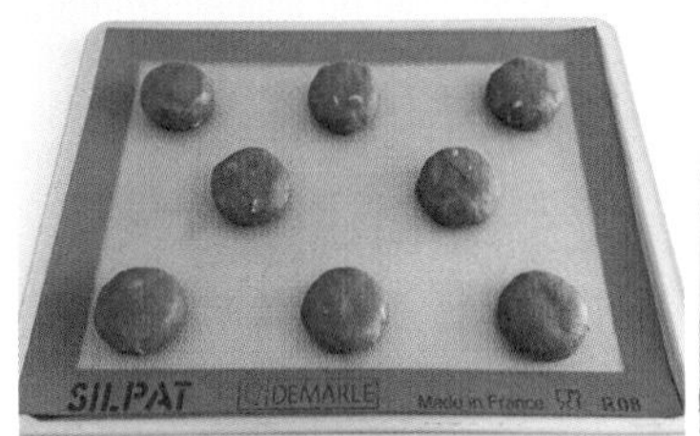

7

8

9

10

11

7 반죽을 8개(개당 약 58g)로 분할해 동그랗게 뭉친 후 실리콘 매트에 팬닝한다. 윗면을 살짝 눌러 편평하게 만든다.

Joy's Tip 충분한 간격을 두고 팬닝해야 달라붙지 않습니다.

8 예열한 오븐에 넣어 180℃에서 16분간 굽는다.

Joy's Tip 구움색이 연하거나 쿠키를 살짝 들어 올렸을 때 반죽이 달라붙는다면 굽는 시간을 더 늘려 주세요.

9 수저로 쿠키 중앙 부분을 살짝 눌러서 잼이 들어갈 공간을 만든다.

10 라즈베리 잼을 짤주머니에 담아 쿠키 윗면에 짜 올린다.

11 좀 식으면 식힘망으로 옮겨 완전히 식힌다.

Joy's Tip 뜨거울 때 옮기면 모양이 망가질 수 있습니다.

섭취 및 보관 실온 3일, 냉동 3주

인절미 호두 크랜베리 볼 쿠키

한국 전통 식재료인 콩가루를 활용한 볼 쿠키입니다.
인절미를 쿠키로 만든 듯한 고소한 맛이 특징인데요.
중독성이 강해 하나 둘 집어먹다 보면 금세 사라질 거예요.

재료

20개 분량

쿠키 반죽	무염버터 90g, 노른자 15g, 박력분 112g, 아몬드가루 22g, 콩가루 34g, 슈거파우더 40g, 소금 1g, 구운 호두 25g, 건조 크랜베리 20g(생략 가능)
토핑	콩가루 35g, 슈거파우더 35g

도구

지름 18cm 믹싱볼, 핸드믹서, 실리콘 주걱, 체망, 비닐, 스크래퍼, 위생팩, 타공 매트, 식힘망

준비 작업

- 모든 재료는 실온 상태로 준비하세요.
- 건조 크랜베리는 뜨거운 물에 5분간 불린 후 물기를 짜서 준비하세요. 건조 크랜베리는 취향에 따라 생략 가능합니다.
- 26쪽을 참고해 전처리한 호두는 다져서 준비하세요.
- 가루 재료들은 미리 섞어 준비하세요.
- 타공 매트는 실리콘 매트나 데프론시트로 대체할 수 있습니다.

Recipe

쿠키 반죽&마무리

1 뜨거운 물에 불려 물기를 짠 크랜베리는 칼로 잘게 다진다.

2 믹싱볼에 무염버터를 넣고 밝은 아이보리색이 될 때까지 핸드믹서 중속으로 휘핑한다.

3 노른자를 넣고 어우러질 때까지만 휘핑한다.

4 박력분, 아몬드가루, 콩가루, 슈거파우더, 소금을 체 쳐 넣고 가루가 80% 사라질 때까지 실리콘 주걱으로 섞은 후 구운 호두와 다진 크랜베리를 넣는다.

Joy's Tip 실리콘 주걱을 11자를 그리며 가르듯이 섞어 주세요.

5 4가 소보로 상태가 될 때까지 실리콘 주걱으로 섞는다.

6 작업대 위에 비닐을 넓게 펼치고 반죽을 전부 올린 후 반죽 양옆을 꾹꾹 누르면서 한 덩어리로 뭉친다.

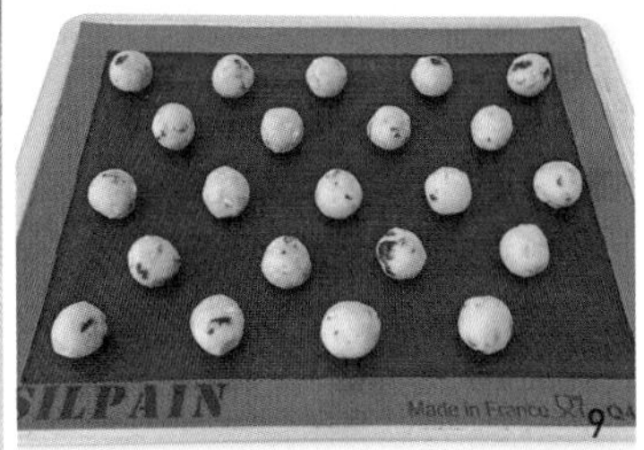

7 반죽을 두 덩어리로 분할해 긴 원기둥 모양으로 성형한 다음 밀봉해 1시간 정도 냉장 휴지한다.

Joy's Tip 휴지가 끝나면 오븐을 180℃로 20분간 예열하세요.

8 반죽을 스크래퍼로 분할한다.

Joy's Tip 반죽 무게가 비슷할수록 구운 후 크기가 일정합니다. 반죽당 16~17g으로 분할하면 22개가 나옵니다.

9 동그랗게 뭉쳐서 타공 매트에 팬닝한 후 170℃에서 13~15분간 구워 식힘망에서 완전히 식힌다.

Joy's Tip 타공 매트는 쿠키가 옆으로 퍼지는 것을 막아줍니다. 구움색이 연하다면 굽는 시간을 1~2분 더 늘려 주세요.

10 위생팩에 콩가루, 슈거파우더, 9의 볼 쿠키를 넣고 흔들어서 콩고물을 묻혀 마무리한다.

섭취 및 보관 실온 3일, 냉동 3주

갈레트 브루통

진한 버터의 풍미와 럼 향을 느낄 수 있는 프랑스식 구움과자예요.
갈레트(Galette)는 동그랗고 편평하게 구운 바삭한 케이크를 의미하고,
브루통(Breton)은 브르타뉴 지방에서 유래하여 붙여진 이름이에요.
시간이 지날수록 풍미가 진해져 주변에 선물하기도 좋답니다.

재료

14개 분량

쿠키 반죽	무염버터 150g, 슈거파우더 75g, 소금 2g, 노른자 25g, 골드 럼 7g, 박력분 120g, 아몬드가루 60g, 베이킹파우더 1g
달걀물	노른자 1개, 커피가루 0.5g, 미지근한 물 소량

도구

지름 18cm 믹싱볼, 핸드믹서, 실리콘 주걱, 체망, 밀대, 1cm 각봉, 포크, 테프론시트(또는 종이포일), 붓, 철판, 식힘망, 지름 5~6cm 쿠키 커터, 지름 6cm 원형 금박 틀

준비 작업

- 모든 재료는 실온 상태로 준비하세요.
- 가루 재료들은 미리 섞어 두세요.
- 골드 럼은 다크 럼 또는 화이트 럼으로 대체 가능합니다.
- 금박 틀이 없는 경우 머핀 틀로 대체 가능합니다.

Recipe

쿠키 반죽&마무리

1 믹싱볼에 무염버터를 넣고 핸드믹서 저속으로 부드럽게 풀어준다.

2 슈거파우더와 소금을 넣고 골고루 섞는다.

3 노른자를 넣고 골고루 섞는다.

Joy's Tip 1~3번 과정에서 절대 과하게 섞지 마세요. 재료가 어우러질 때까지만 저속으로 짧게 혼합하세요.

4 골드 럼을 넣고 실리콘 주걱으로 골고루 섞는다.

5 박력분, 아몬드가루, 베이킹파우더를 체 쳐 넣고 가루가 보이지 않을 때까지 실리콘 주걱으로 섞는다.

6 테프론시트(또는 종이포일) 위에 반죽을 올리고 양옆에 1cm 각봉을 둔다.

7 다시 테프론시트로 덮고 밀대로 밀어 편 후 반죽을 1시간 이상 냉장 휴지하여 단단하게 만든다.

Joy's Tip 휴지가 끝나면 오븐을 180℃로 20분간 예열하세요.

8 쿠키 커터로 반죽을 찍어서 금박 틀 안에 넣는다.

Joy's Tip 쿠키 커터에 덧가루(강력분)를 묻히면 잘 분리됩니다. 남은 반죽은 한 덩어리로 뭉쳐서 1cm 두께로 밀어 편 후 냉장고에 넣고 차갑게 굳혀 재사용하세요.

9 달걀물 재료를 골고루 섞어 쿠키 윗면에 붓으로 얇게 바른다.

Joy's Tip 쿠키 지름을 넘지 않도록 주의하세요.

10 윗면이 마르면 달걀물을 한 번 더 얇게 바른 후 포크로 무늬를 낸다.

Joy's Tip 달걀물이 건조된 후 무늬를 내야 모양이 선명해집니다.

11 160℃에서 30분 전후로 굽고 식힘망에서 완전히 식혀 마무리한다.

Joy's Tip 중앙까지 완전히 구워지도록 굽는 시간을 조절하세요.

섭취 및 보관 실온 3일, 냉동 3주

Madeleine

레몬 커드 마들렌

말차 가나슈 마들렌

초코 피칸 마들렌

코코 유자 마들렌

모카 바닐라 마들렌

이번 파트에서 소개할 마들렌은 레몬, 말차, 초코, 유자, 모카 맛을 활용해 반죽을 만들고, 그것과 어울리는 필링을 마들렌 속에 채우거나 아이싱을 발라 완성해요. 부드럽고 촉촉한 식감을 선호한다면 어떤 마들렌을 만들어도 만족스러울 거예요. 커스터드와 가나슈 필링 만드는 방법은 제과에서 아주 중요한 부분이니 해당 파트를 통해 익혀보세요.

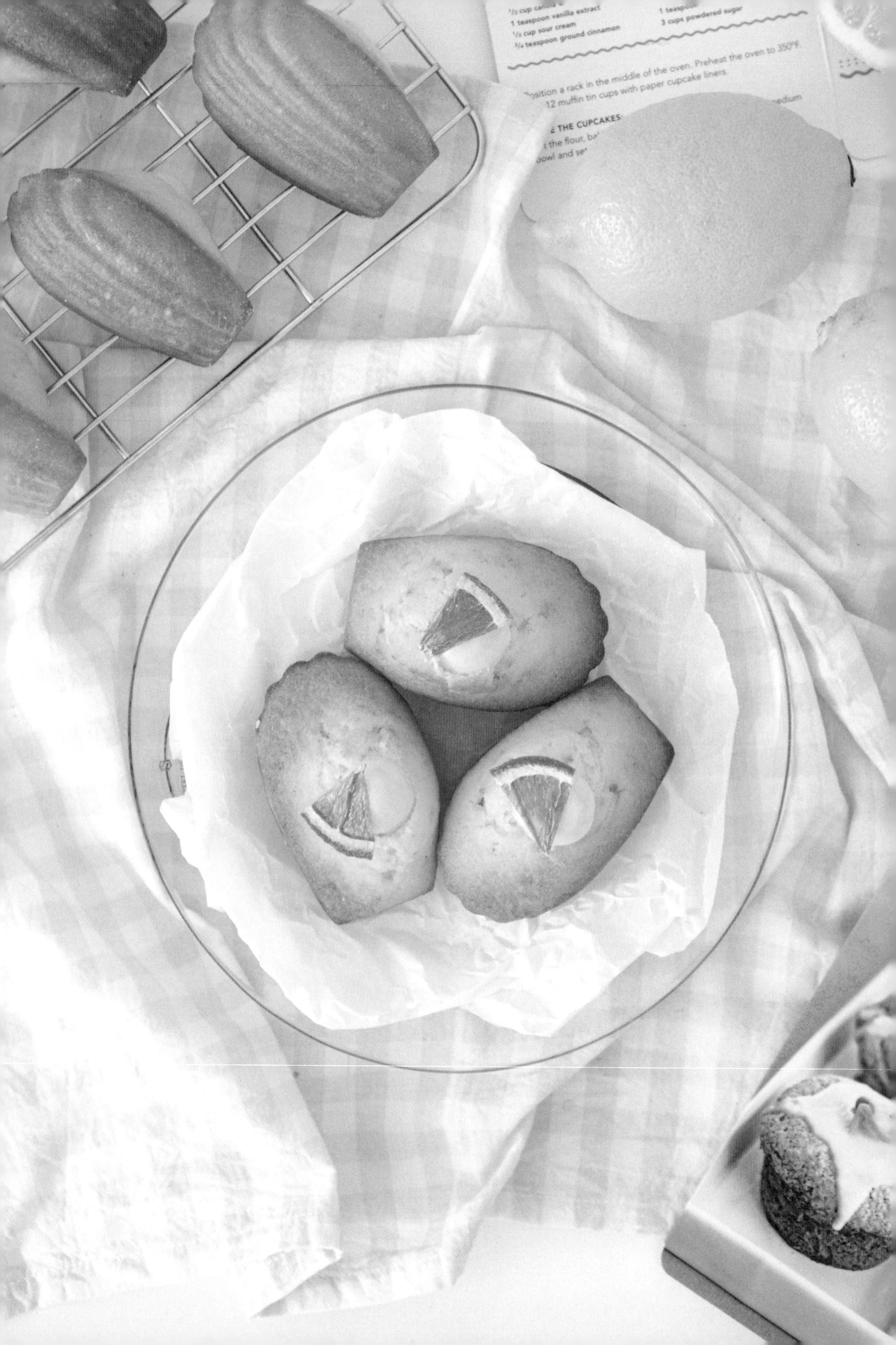
1 teaspoon vanilla extract
½ cup sour cream
¾ teaspoon ground cinnamon
3 cups powdered sugar
a rack in the middle of the oven. Preheat the oven to 350°F.
12 muffin tin cups with paper cupcake liners.

레몬 커드 마들렌

새콤 달콤한 레몬 커드가 입맛을 돋우는 마들렌이에요.
베이직한 레몬 마들렌을 더욱 맛있게 만드는 방법을 소개합니다.

재료

10~12개 분량

마들렌 반죽	달걀 100g, 백설탕 90g, 소금 1g, 레몬 제스트 1개 분량, 중력분 110g, 베이킹파우더 4g, 무염버터 100g, 레몬즙 15g, 레몬 리큐어(팔리니 리몬첼로) 5g(리큐어 대신 레몬즙 5g으로 대체 가능)
레몬 커드	노른자 40g, 백설탕 32g, 소금 0.5g, 레몬 제스트 1개 분량, 옥수수 전분 18g, 우유 110g, 레몬즙 60g, 무염버터 8g
레몬 아이싱	슈거파우더 50g, 레몬즙 15g
토핑	건조 레몬칩 적당량

도구

지름 18cm 믹싱볼, 실리콘 주걱, 거품기, 체망, 붓, 애플 코어러, 냄비, 랩, 트레이, 핸드믹서, 짤주머니, 그라인더, 실팝 코팅 마들렌 틀 12구, 지름 1cm 원형 깍지

준비 작업

- 모든 재료는 실온 상태로 준비하세요.
- 틀 코팅력이 약한 경우 미리 붓으로 버터 칠을 해 두세요.
- 레몬 제스트는 29쪽을 참고해 전처리한 레몬의 껍질 부분만 그라인더로 갈아 준비하세요.

Recipe

레몬 커드

1 믹싱볼에 노른자를 넣고 거품기로 고르게 풀어준다.

2 백설탕, 소금, 레몬 제스트를 넣고 섞는다.

3 옥수수 전분을 넣고 섞는다.

4 냄비에 뜨겁게 데운 우유를 3에 넣고 섞는다.

Joy's Tip 이때 우유는 가장자리가 끓을 정도(70~80도)로 데워 사용합니다.

5 레몬즙을 넣고 섞는다.

6 모든 재료를 다시 냄비로 옮긴다.

7 중불로 계속 저어가며 걸쭉하게 끓인다.

Joy's Tip 눌러 붙지 않도록 쉬지 않고 저어주세요. 큰 기포가 터질 때까지 확실하게 끓여주세요.

8 불을 끄고 무염버터를 넣어 거품기로 골고루 섞는다.

9 트레이에 옮겨 밀착 랩핑한 후 사용 전까지 냉장고에 넣어 차갑게 식힌다.

10 사용 전 믹싱볼에 옮겨 핸드믹서로 부드럽게 풀어 사용한다.

마들렌 반죽&마무리

1 믹싱볼에 달걀을 넣고 골고루 풀어준다.

2 백설탕, 소금, 레몬 제스트를 넣고 어우러질 때까지만 섞는다.

Joy's Tip 2의 재료를 미리 섞어 두면 레몬 향이 더욱 진해집니다.

3 중력분, 베이킹파우더를 체 쳐 넣는다.

4 거품기로 가루가 보이지 않을 때까지만 섞는다.

5 무염버터를 녹여서 반죽에 넣는다.

Joy's Tip 녹인 버터는 50℃ 전후로 따뜻하게 사용하세요.

6 반죽이 겉돌지 않을 때까지 거품기로 골고루 섞는다.

7 레몬즙과 레몬 리큐어를 넣고 부드럽게 섞는다.

8 랩으로 밀착 랩핑한 후 최소 1시간, 최대 24시간 냉장 휴지한다.

Joy's Tip 휴지가 끝나면 오븐을 190℃로 15분 이상 예열하세요.

9 반죽을 실리콘 주걱으로 풀어 되기를 일정하게 맞춘다.

10 9를 짤주머니에 담아 틀 안에 90%씩 채워 넣는다.

11 예열한 오븐에 넣어 180℃에서 12분 전후로 굽는다.

Joy's Tip 꼬지(케이크 테스터)로 테스트했을 때 반죽이 묻어 나오지 않아야 합니다.

12 오븐에서 꺼내자마자 마들렌을 옆으로 눕혀서 완전히 식힌다.

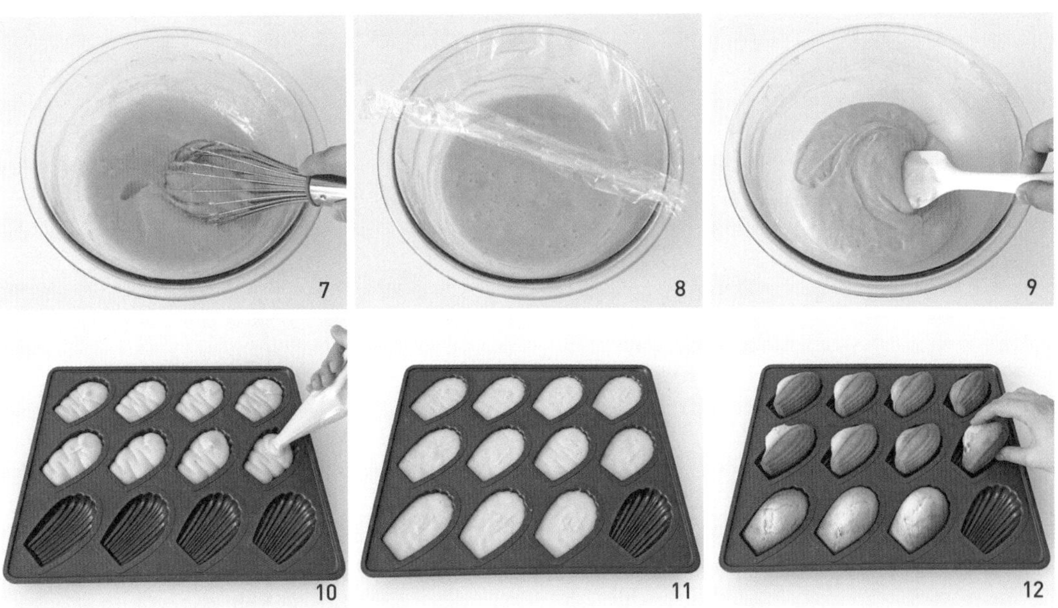

13 믹싱볼에 레몬 아이싱 재료를 전부 넣고 실리콘 주걱으로 골고루 섞은 후 12의 마들렌 주름면에 레몬 아이싱을 발라 완전히 굳힌다.

14 마들렌 가운데에 애플 코어러로 레몬 커드가 들어갈 공간을 만든다.

15 원형 깍지를 끼운 짤주머니에 레몬 커드를 담아 마들렌 안쪽에 채워 넣은 후 건조 레몬칩을 올려 마무리한다.

Joy's Tip 레몬 커드는 반드시 부드럽게 풀어서 사용하세요. 건조 레몬칩은 레몬을 2~3mm 두께로 슬라이스 한 후, 철판에 테프론시트를 깔고 레몬을 펼칩니다. 90℃로 예열한 오븐에 넣어 앞뒤로 20분씩 구워 레몬칩을 만들 수 있습니다.

섭취 및 보관 냉장 3~4일, 냉동 3주

: 마들렌은 냉장 보관 시 식감이 푸석해지므로 가급적 냉동 보관하세요. 냉동 시에는 실온에 15분간 꺼내 두었다가 먹으면 더욱 맛있게 즐길 수 있습니다.

말차 가나슈 마들렌

말차 좋아하는 사람들을 사로잡을 진한 말차 가나슈 마들렌이에요.
촉촉하고 부드러운 식감이 매력적인 구움과자입니다.

재료

12개 분량

마들렌 반죽	달걀 100g, 바닐라익스트랙 2g, 백설탕 90g, 소금 0.5g, 연유 10g, 중력분 100g, 말차가루 10g, 베이킹파우더 3g, 무염버터 110g
말차 가나슈	화이트 커버춰 초콜릿 120g, 말차가루 4g, 생크림 50g, 무염버터 8g
말차 아이싱	슈거파우더 50g, 우유 15g, 말차가루 1g

도구

지름 18cm 믹싱볼, 실리콘 주걱, 거품기, 체망, 애플 코어러, 붓, 랩, 짤주머니, 실팝 코팅 마들렌 틀 12구, 지름 1cm 원형 깍지

준비 작업

- 모든 재료는 실온 상태로 준비하세요.
- 틀 코팅력이 약한 경우 미리 붓으로 버터 칠을 해 두세요.

맛 변형 Tip

- 말차가루에 해당하는 양을 코코아파우더로 대체하면 초코 가나슈 마들렌이 됩니다.

Recipe

말차 가나슈

1 믹싱볼에 화이트 커버춰 초콜릿과 말차가루를 넣고 중탕으로 녹인다.

Joy's Tip 가나슈 안에 물이 들어가면 분리될 수 있으니 주의하세요.

2 초콜릿이 완전히 녹으면 데운 생크림(60℃ 전후)을 넣고 실리콘 주걱으로 골고루 섞는다.

3 무염버터를 넣고 골고루 섞는다.

4 밀착 랩핑한 후 최소 2시간 이상 냉장 휴지한다.

5 사용 전 거품기로 가볍게 휘핑해서 점도를 맞춘다.

Joy's Tip 거품기로 들어 올렸을 때 부드러운 갈고리 모양이 되면 좋아요. 오래 휘핑하면 단단해지니 주의하세요.

마들렌 반죽 & 마무리

1 믹싱볼에 달걀과 바닐라익스트랙을 넣고 거품기로 골고루 풀어준다.

2 백설탕, 소금, 연유를 넣고 어우러질 때까지만 섞는다.

3 중력분, 말차가루, 베이킹파우더를 체 쳐 넣고 골고루 섞는다

Joy's Tip 가루가 보이지 않을 때까지만 짧게 섞으세요.

4 녹인 무염버터를 넣고 겉돌지 않을 때까지 골고루 섞는다.

Joy's Tip 녹인 버터는 50℃ 전후로 따뜻하게 사용하세요.

5 랩으로 밀착 랩핑한 후 최소 1시간, 최대 24시간 냉장 휴지한다.

Joy's Tip 휴지가 끝나면 오븐을 190℃로 15분간 예열하세요.

6 반죽을 실리콘 주걱으로 풀어 되기를 일정하게 맞춘다.

7 6의 반죽을 짤주머니에 담아 틀 아래로 최대 0.5cm까지 채워 넣는다.

Joy's Tip 팬닝한 양이 많으면 부풀면서 흘러 넘칠 수 있으니 주의하세요. 팬닝한 양이 균일해야 구웠을 때 일정한 모양이 됩니다.

8 예열한 오븐에 넣어 180℃에서 12분 전후로 굽는다.

Joy's Tip 꼬지(케이크 테스터)로 테스트했을 때 반죽이 묻어나오지 않아야 합니다.

9 오븐에서 꺼내자마자 마들렌을 옆으로 눕혀 완전히 식힌다.

10 믹싱볼에 말차 아이싱 재료를 모두 넣고 실리콘 주걱으로 골고루 섞는다.

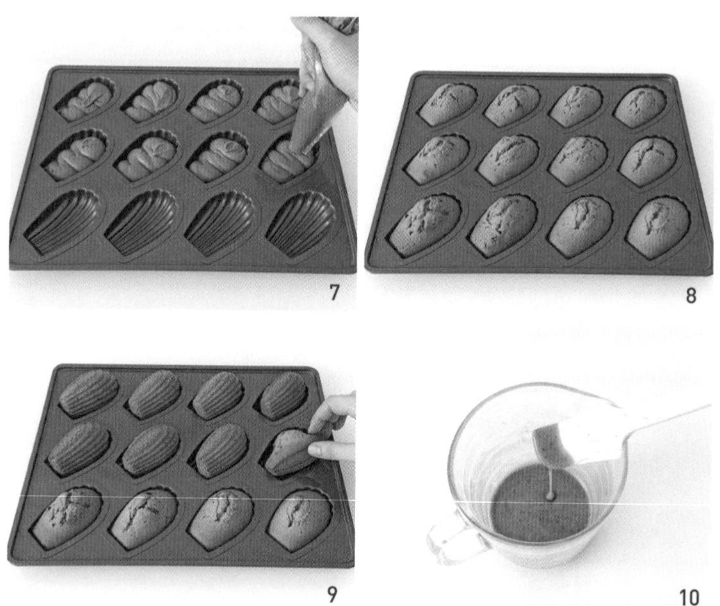

7 8 9 10

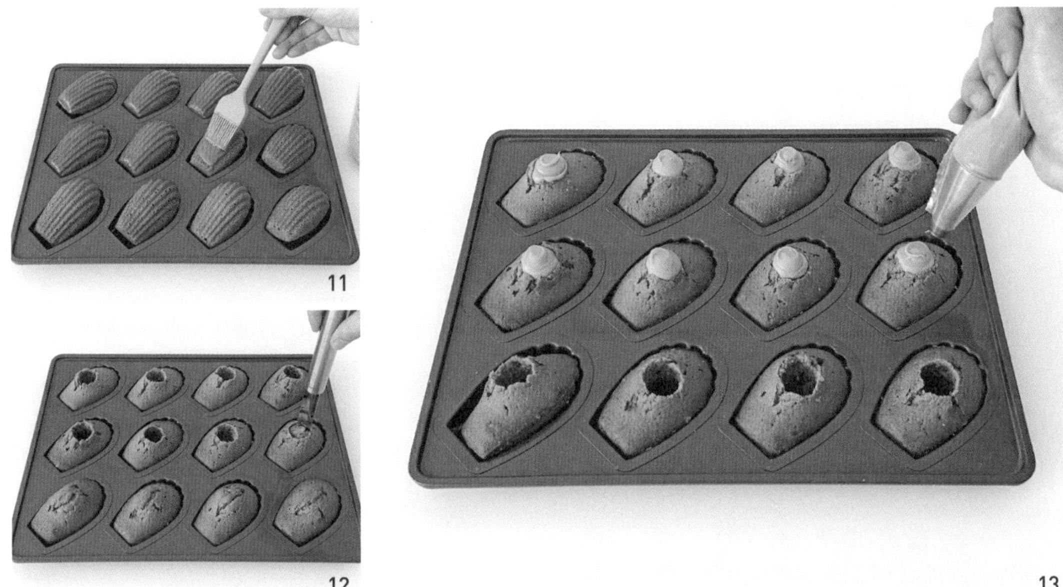

11 12 13

11 마들렌 주름면에 붓으로 말차 아이싱을 발라 완전히 굳힌다.

12 마들렌 가운데에 애플 코어러로 가나슈가 들어갈 공간을 만든다.

13 원형 깍지를 끼운 짤주머니에 말차 가나슈를 담아 마들렌 안쪽에 채워 넣어 마무리한다.

섭취 및 보관 냉장 3~4일, 냉동 3주

: 마들렌은 냉장 보관 시 식감이 푸석해지므로 가급적 냉동 보관하세요. 냉동 시에는 실온에 15분간 꺼내 두었다가 먹으면 더욱 맛있습니다.

초코 피칸 마들렌

달콤하고 바삭하게 씹히는 캐러멜라이즈드 피칸이 중독성을 더해 줍니다.
피칸 프랄리네의 풍부하고 복합적인 맛이 초코 맛과 어우러져
더욱 고급스러운 맛을 전하는 디저트입니다.

재료 12개 분량

마들렌 반죽	달걀 110g, 바닐라익스트랙 2g, 백설탕 95g, 소금 1g, 중력분 100g, 코코아파우더 10g, 베이킹파우더 4g, 무염버터 110g, 피칸 프랄리네 20g
캐러멜라이즈드 피칸&프랄리네	구운 피칸 100g, 백설탕 50g, 물 14g, 소금 1g
초코 아이싱	슈거파우더 50g, 우유 15g, 코코아파우더 1g
토핑	캐러멜라이즈드 피칸 적당량

도구

지름 18cm 믹싱볼, 실리콘 주걱, 냄비, 거품기, 체망, 믹서기(또는 푸드프로세서), 랩, 짤주머니, 붓, 철판, 실팝 코팅 마들렌 틀 12구

준비 작업

- 모든 재료는 실온 상태로 준비하세요.
- 피칸은 27쪽을 참고해 전처리한 후 1cm 크기로 다져서 준비하세요.
- 틀 코팅력이 약한 경우 미리 붓으로 버터 칠을 해 두세요.

Recipe

캐러멜라이즈드 피칸&프랄리네

1 냄비에 물과 백설탕을 넣는다.

2 118℃까지 시럽을 끓인다.

Joy's Tip 주걱으로 저으면 결정화될 수 있으므로 냄비째 회전시키거나 그대로 두세요.

3 불을 끈 상태에서 구워 다진 피칸과 소금을 넣는다.

4 설탕이 하얗게 결정화될 때까지 실리콘 주걱으로 젓는다.

5 중불로 갈색이 될 때까지 캐러멜화 한다. 이때 색이 골고루 나도록 계속해서 저어준다.

6 철판에 넓게 펼쳐서 완전히 식힌다.

Joy's Tip 피칸이 식으면 토핑하기 좋은 크기로 작게 다져 두세요.

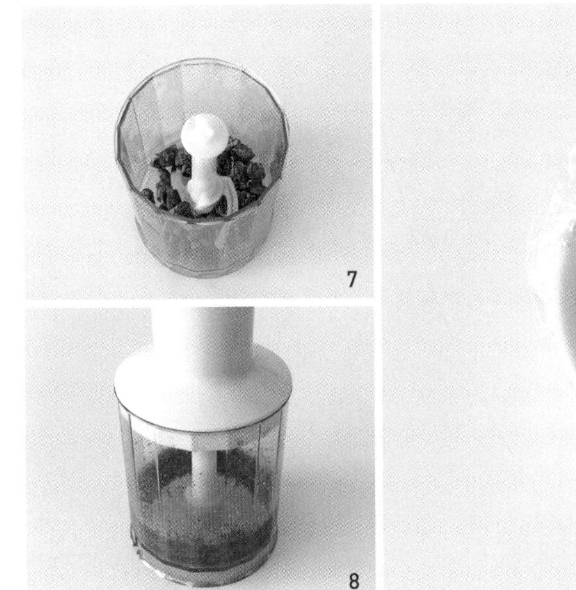

7 6의 캐러멜라이즈드 피칸을 믹서기에 담는다.

Joy's Tip 토핑용으로 사용할 분량(최소 50g)은 남겨두세요. 피칸 양에 맞춰 믹서기(또는 푸드프로세서)를 적절한 크기로 선택하세요.

8 액상화가 될 때까지 곱게 간다.

9 사용 전까지 밀착 랩핑해 잠시 한쪽에 둔다.

Joy's Tip 바로 사용하지 않을 경우 밀폐용기에 담아 냉장에서 최대 2주, 냉동에서는 2개월간 보관 가능합니다.

마들렌 반죽 & 마무리

1 믹싱볼에 달걀과 바닐라익스트랙을 넣고 거품기로 골고루 풀어준다.

2 백설탕과 소금을 넣고 어우러질 때까지만 섞는다.

3 중력분, 코코아파우더, 베이킹파우더를 체 쳐 넣고 골고루 섞는다.

4 녹인 무염버터를 넣고 겉돌지 않을 때까지 골고루 섞는다.

Joy's Tip 녹인 버터는 50℃ 전후로 따뜻하게 사용하세요.

5 준비한 피칸 프랄리네를 넣고 부드럽게 섞는다.

6 랩으로 밀착 랩핑한 후 최소 1시간, 최대 24시간 냉장 휴지한다.

Joy's Tip 휴지가 끝나면 오븐을 190℃로 15분간 예열하세요.

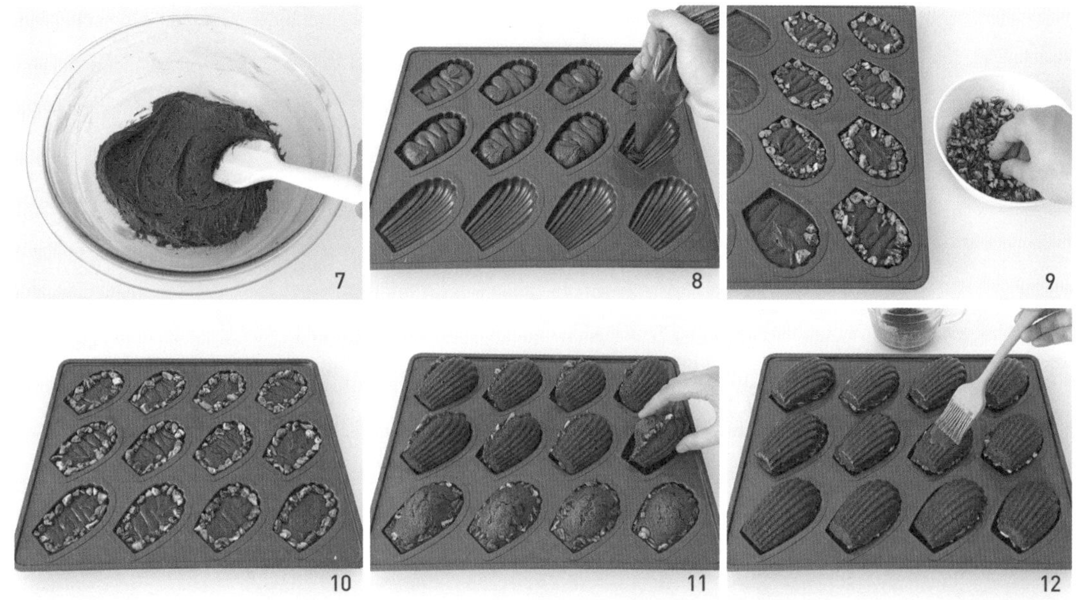

7 반죽을 실리콘 주걱으로 풀어 되기를 일정하게 맞춘다.

8 반죽을 짤주머니에 담아 틀 안에 80%까지 채워 넣는다.

9 만들어 둔 캐러멜라이즈드 피칸을 반죽 테두리에 토핑한다.

10 예열한 오븐에 넣어 180℃에서 12분 전후로 굽는다.

Joy's Tip 꼬지(케이크 테스터)로 테스트했을 때 반죽이 묻어나오지 않아야 합니다.

11 오븐에서 꺼내자마자 마들렌을 옆으로 눕혀서 완전히 식힌다.

12 믹싱볼에 초코 아이싱 재료를 모두 넣고 골고루 섞은 후 붓으로 마들렌 주름면에 발라 완전히 굳혀 마무리한다.

섭취 및 보관 냉장 2~3일, 냉동 3주

: 마들렌은 냉장 보관 시 식감이 푸석해지므로 가급적 냉동 보관하세요. 냉동 시에는 실온에 15분간 꺼내 두었다가 먹으면 더욱 맛있습니다.

코코 유자 마들렌

향긋한 코코넛과 상큼한 유자의 조합은 모두가 좋아하는 맛이에요.
쫀득하게 씹히는 유자 필링이 식감의 포인트랍니다.

재료 12개 분량

마들렌 반죽	달걀 100g, 바닐라익스트랙 2g, 백설탕 90g, 소금 1g, 중력분 100g, 베이킹파우더 4g, 코코넛 분말 10g, 무염버터 110g, 유자청 20g, 코코넛 리큐어(말리부 럼) 5g
유자 필링	생크림 130g, 유자청 50g
유자 아이싱	슈거파우더 50g, 유자청 20g, 물 5g
토핑	코코넛 분말 20g

도구

지름 18cm 믹싱볼, 핸드믹서, 실리콘 주걱, 거품기, 체망, 애플 코어러, 랩, 짤주머니, 붓, 실팝 코팅 마들렌 틀 12구, 지름 1cm 원형 깍지

준비 작업

- 유자 필링 재료를 제외한 모든 재료는 실온 상태로 준비하세요.
- 틀 코팅력이 약한 경우 미리 붓으로 버터 칠을 해 두세요.
- 유자청은 가위로 잘게 잘라서 사용하세요.

Recipe

유자 필링&
마들렌 반죽&
마무리

1 믹싱볼에 유자 필링용 차가운 생크림과 유자청을 넣는다.

2 단단한 질감이 되도록 핸드믹서 중고속으로 휘핑해 유자 필링을 만든 후 잠시 한쪽에 둔다.

Joy's Tip 유자 필링은 사용 직전에 휘핑해서 사용하거나, 바로 사용하지 않는 경우 냉장 보관한 후 다시 단단하게 휘핑해 사용하세요.

3 다른 믹싱볼에 마들렌 반죽 재료인 달걀과 바닐라익스트랙을 넣고 거품기로 골고루 풀어준다.

4 백설탕과 소금을 넣고 어우러질 때까지만 섞는다.

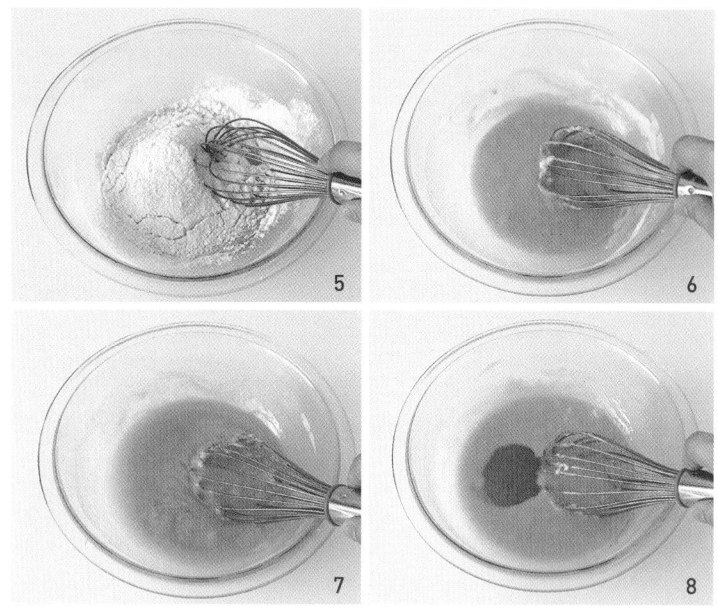

5 중력분, 베이킹파우더, 코코넛 분말을 체 쳐 넣는다.

6 거품기로 가루가 보이지 않을 때까지만 섞는다.

7 녹인 무염버터를 넣고 겉돌지 않을 때까지 골고루 섞는다.

Joy's Tip 녹인 버터는 50℃ 전후로 따뜻하게 사용하세요.

8 유자청과 코코넛 리큐어를 넣고 부드럽게 섞는다.

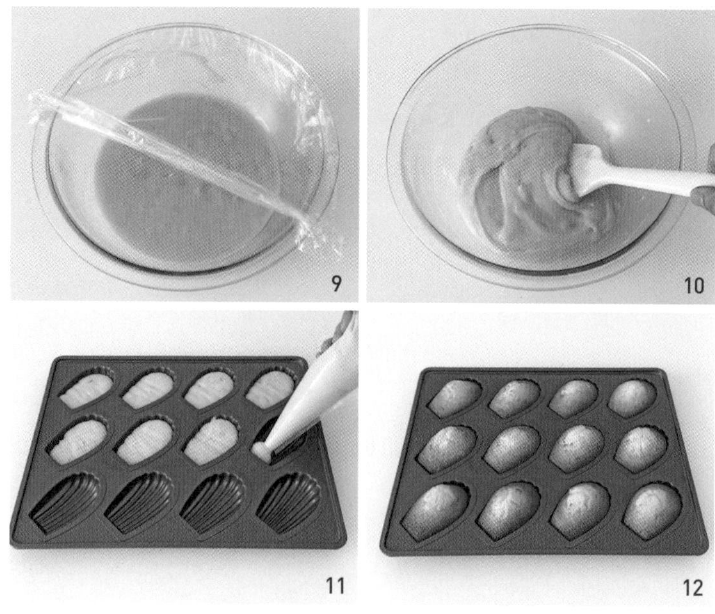

9 밀착 랩핑한 후 최소 1시간, 최대 24시간 냉장 휴지한다.

Joy's Tip 휴지가 끝나면 오븐을 190℃로 15분간 예열하세요.

10 반죽을 실리콘 주걱으로 풀어 되기를 일정하게 맞춘다.

11 반죽을 짤주머니에 담아 틀 아래 최대 0.5cm까지 채워 넣는다.

Joy's Tip 팬닝한 양이 많으면 부풀면서 흘러 넘칠 수 있으니 주의하세요.

12 예열한 오븐에 넣어 180℃에서 12분 전후로 굽는다.

Joy's Tip 꼬지(케이크 테스터)로 테스트했을 때 반죽이 묻어나오지 않아야 합니다.

13 오븐에서 꺼내자마자 마들렌을 옆으로 눕혀서 완전히 식힌다.

14 다른 볼에 유자 아이싱 재료를 모두 넣고 실리콘 주걱으로 섞는다.

15 유자 아이싱을 마들렌 윗면에 바른 후 코코넛 분말을 묻힌다.

16 애플 코어러로 유자 필링이 들어갈 공간을 만들고, 원형 깍지를 끼운 짤주머니에 유자 필링을 담아 마들렌 안쪽에 채워 마무리한다.

섭취 및 보관 냉장 2~3일, 냉동 3주

: 마들렌은 냉장 보관 시 식감이 푸석해지므로 가급적 냉동 보관하세요. 냉동 시에는 실온에 15분간 꺼내 두었다가 먹으면 더욱 맛있습니다.

모카 바닐라 마들렌

그윽한 커피 향과 바닐라 가나슈가 어우러져
달콤한 바닐라 라테가 연상되는 마들렌이에요.

재료

12개 분량

마들렌 반죽	달걀 100g, 백설탕 90g, 소금 0.5g, 연유 15g, 중력분 110g, 베이킹파우더 4g, 무염버터 100g, 깔루아 리큐어(또는 커피에센스) 5g, 커피가루 5g, 따뜻한 물 6g
바닐라 가나슈	생크림 50g, 화이트 커버춰 초콜릿 120g, 바닐라빈 1/2개, 무염버터 8g
모카 아이싱	슈거파우더 50g, 우유 15g, 커피가루 1g
토핑	카카오닙스 20g

도구

지름 18cm 믹싱볼, 실리콘 주걱, 거품기, 체망, 애플 코어러, 붓, 짤주머니, 랩, 실팝 코팅 마들렌 틀 12구, 지름 1cm 원형 깍지

준비 작업

- 모든 재료는 실온 상태로 준비하세요.
- 따뜻한 물(또는 우유)에 커피가루를 완전히 풀어서 사용하세요.
- 틀 코팅력이 약한 경우 미리 붓으로 버터 칠을 해 두세요.

Recipe

바닐라 가나슈

1 믹싱볼에 생크림, 화이트 커버춰 초콜릿, 바닐라빈을 넣고 중탕으로 따뜻하게 데운다.

Joy's Tip 가나슈 안에 물이 들어가면 분리될 수 있으니 주의하세요.

2 초콜릿이 완전히 녹으면 무염버터를 넣고 실리콘 주걱으로 골고루 섞는다.

3 밀착 랩핑한 후 최소 2시간 이상 냉장 휴지한다.

4 사용 전 거품기로 가볍게 휘핑해서 점도를 맞춘다.

Joy's Tip 휘퍼를 들어 올렸을 때 부드러운 갈고리 모양이 되면 좋아요. 오래 휘핑하면 단단해지니 주의하세요.

마들렌 반죽 & 마무리

1 믹싱볼에 달걀을 넣고 거품기로 골고루 풀어준다.

2 백설탕, 소금, 연유를 넣고 어우러질 때까지만 섞는다.

3 중력분과 베이킹파우더를 체 쳐 넣는다.

4 가루가 보이지 않을 때까지만 섞는다.

5 녹인 무염버터를 넣고 겉돌지 않을 때까지 골고루 섞는다.

Joy's Tip 녹인 버터는 50℃ 전후로 따뜻하게 사용하세요.

6 깔루아 리큐어와 따뜻한 물에 풀어 둔 커피가루를 넣고 거품기로 골고루 섞는다.

7 밀착 랩핑한 후 최소 1시간, 최대 24시간 냉장 휴지한다.

Joy's Tip 휴지가 끝나면 오븐을 190℃로 15분간 예열하세요.

8 반죽을 실리콘 주걱으로 풀어 되기를 일정하게 맞춘다.

9 반죽을 짤주머니에 담아 틀 아래 최대 0.5cm까지 채워 넣는다.

Joy's Tip 팬닝한 양이 많으면 부풀면서 흘러 넘칠 수 있으니 주의하세요. 팬닝한 양이 균일해야 구웠을 때 일정한 모양이 됩니다.

10 팬닝한 마들렌 테두리에 카카오닙스를 토핑한다.

11 예열한 오븐에 넣어 180℃에서 12분 전후로 굽는다.

Joy's Tip 꼬지(케이크 테스터)로 테스트했을 때 반죽이 묻어나오지 않아야 합니다.

12 오븐에서 꺼내자마자 마들렌을 옆으로 눕혀서 완전히 식힌다.

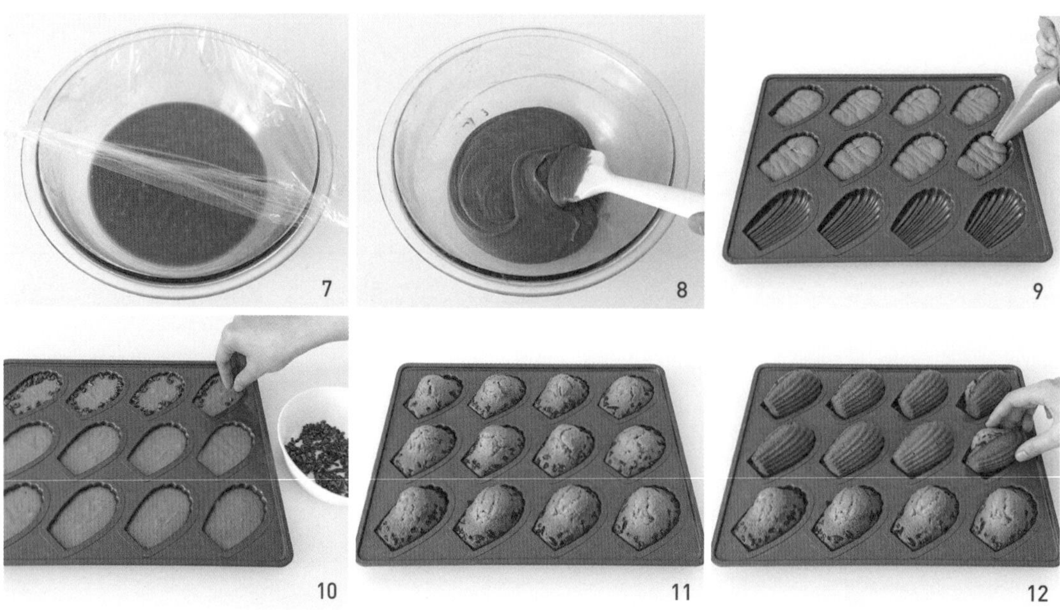

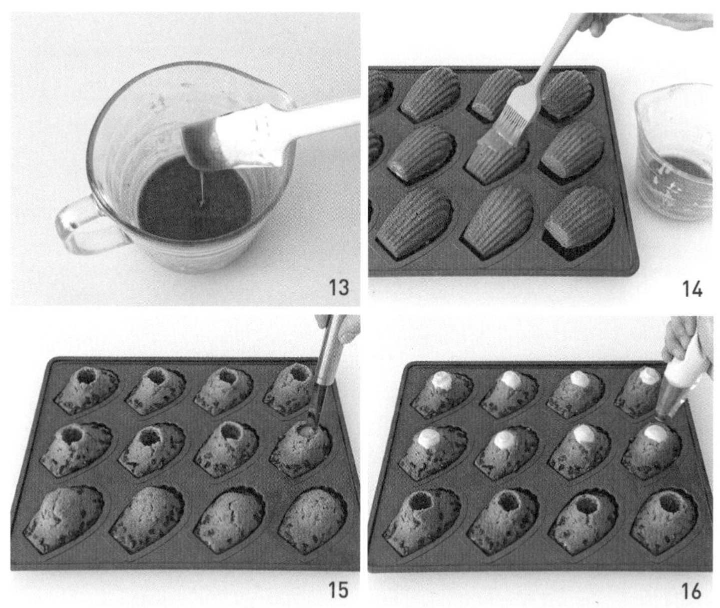

13 믹싱볼에 모카 아이싱 재료를 모두 넣고 실리콘 주걱으로 골고루 섞는다.

14 마들렌 주름면에 모카 아이싱을 발라 완전히 굳힌다.

15 마들렌 가운데에 애플 코어러로 가나슈가 들어갈 공간을 만든다.

16 원형 깍지를 끼운 짤주머니에 바닐라 가나슈를 담아 마들렌 안쪽에 채워 넣어 마무리한다.

섭취 및 보관 냉장 2~3일, 냉동 3주

: 마들렌은 냉장 보관 시 식감이 푸석해지므로 가급적 냉동 보관하세요. 냉동 시에는 실온에 15분간 꺼내 두었다가 먹으면 더욱 맛있습니다.

Financier

바닐라 피낭시에

헤이즐넛 피낭시에

피스타치오 피낭시에

망고 패션 피낭시에

솔티 캐러멜 아몬드 피낭시에

이번 파트에서는 토핑 없이도 맛있게 즐길 수 있는 바닐라 피낭시에와 헤이즐넛, 피스타치오, 아몬드를 활용한 레시피를 만나볼 수 있어요. 캐러멜라이즈드, 프랄리네, 페이스트 등 견과류를 사용해 만드는 다양한 기법을 배워보세요. 피낭시에는 버터가 주요 재료인 만큼 자신이 가장 좋아하는 고메 버터를 사용해 진한 풍미를 느껴보세요.

바닐라 피낭시에

겉은 바삭하고 속은 쫀득한 피낭시에는 모두가 좋아하는 구움과자입니다.
바닐라 피낭시에는 가장 기본이 되는 레시피인 만큼 여기에
다양한 재료를 토핑하면 무궁무진한 맛을 표현할 수 있어요.

재료

10~12개 분량

피낭시에 반죽 무염버터 144g, 흰자 126g, 꿀 20g, 소금 1g, 바닐라빈 1/2개, 분당 108g, 아몬드가루 60g, 박력분 54g, 골드 럼 10g(생략 가능)

도구

지름 18cm 믹싱볼, 거품기, 실리콘 주걱, 체망, 짤주머니, 냄비, 붓, 랩, 식힘망, 피낭시에 오발 틀 12구

준비 작업

- 무염버터는 깍둑썰기 해 미리 준비하세요.
- 모든 재료는 실온 상태로 준비하세요.
- 분당, 아몬드가루, 박력분은 미리 섞어 두세요.
- 틀에 코팅력이 약한 경우 미리 붓으로 버터 칠을 한 후 사용 전까지 냉장 보관하세요.
- 오발 틀 대신 사각 틀을 사용해도 됩니다.

맛 변형 Tip

- 아몬드가루 54g, 박력분 50g, 원하는 가루 재료 10g(코코아파우더, 말차파우더, 황치즈가루, 흑임자가루 등)으로 대체하여 다양한 맛을 낼 수 있습니다.
- 윗면에 초코칩, 견과류, 로투스 비스코프, 코코넛롱 등을 토핑해도 맛있습니다.

Recipe

피낭시에 반죽 & 마무리

1 냄비에 무염버터를 넣는다.

2 실리콘 주걱으로 저어가며 진한 갈색이 될 때까지 태운다.

3 냄비를 얼음물에 10초간 담근 후 잠시 식힌다.

Joy's Tip 오래 담그면 차갑게 식을 수 있으므로 주의하세요.

4 믹싱볼에 흰자, 꿀, 소금, 바닐라빈을 넣고 거품기로 어우러질 때까지만 섞는다.

Joy's Tip 거품을 많이 내면 구웠을 때 바닥이 들뜨는 현상이 생기니 주의하세요.

5 분당, 아몬드가루, 박력분을 체 쳐 넣고 거품기로 가루가 보이지 않을 때까지만 골고루 섞는다.

Joy's Tip 가루 재료를 오래 섞으면 글루텐이 형성되어 질긴 식감이 될 수 있습니다.

6 3의 태운 버터(60~70℃) 절반을 반죽에 넣고 버터가 보이지 않을 때까지 섞는다.

7 나머지 버터를 넣고 골고루 저어서 유화시킨다.

Joy's Tip 버터가 겉돌지 않고 매끈한 상태입니다. 이때 버터가 차가우면 유화되기 어려우므로 온도를 꼭 지켜주세요.

8 골드 럼을 넣고 부드럽게 혼합한다.

9 밀착 랩핑한 후 최소 1시간, 최대 24시간 냉장 휴지한다.

Joy's Tip 휴지가 끝나면 오븐을 200℃로 20분간 예열하세요.

10 휴지가 끝난 반죽을 실리콘 주걱으로 풀어 되기를 맞춘다.

11 짤주머니에 담아 틀에 80%가량 채워 넣는다.

Joy's Tip 틀 깊이, 팬닝 양에 따라 완성되는 개수가 달라질 수 있어요.

12 예열한 오븐에 넣어 190℃에서 11~13분간 굽고 뜨거울 때 식힘망으로 옮긴 후 완전히 식혀 마무리한다.

섭취 및 보관 실온 3일, 냉동 3주

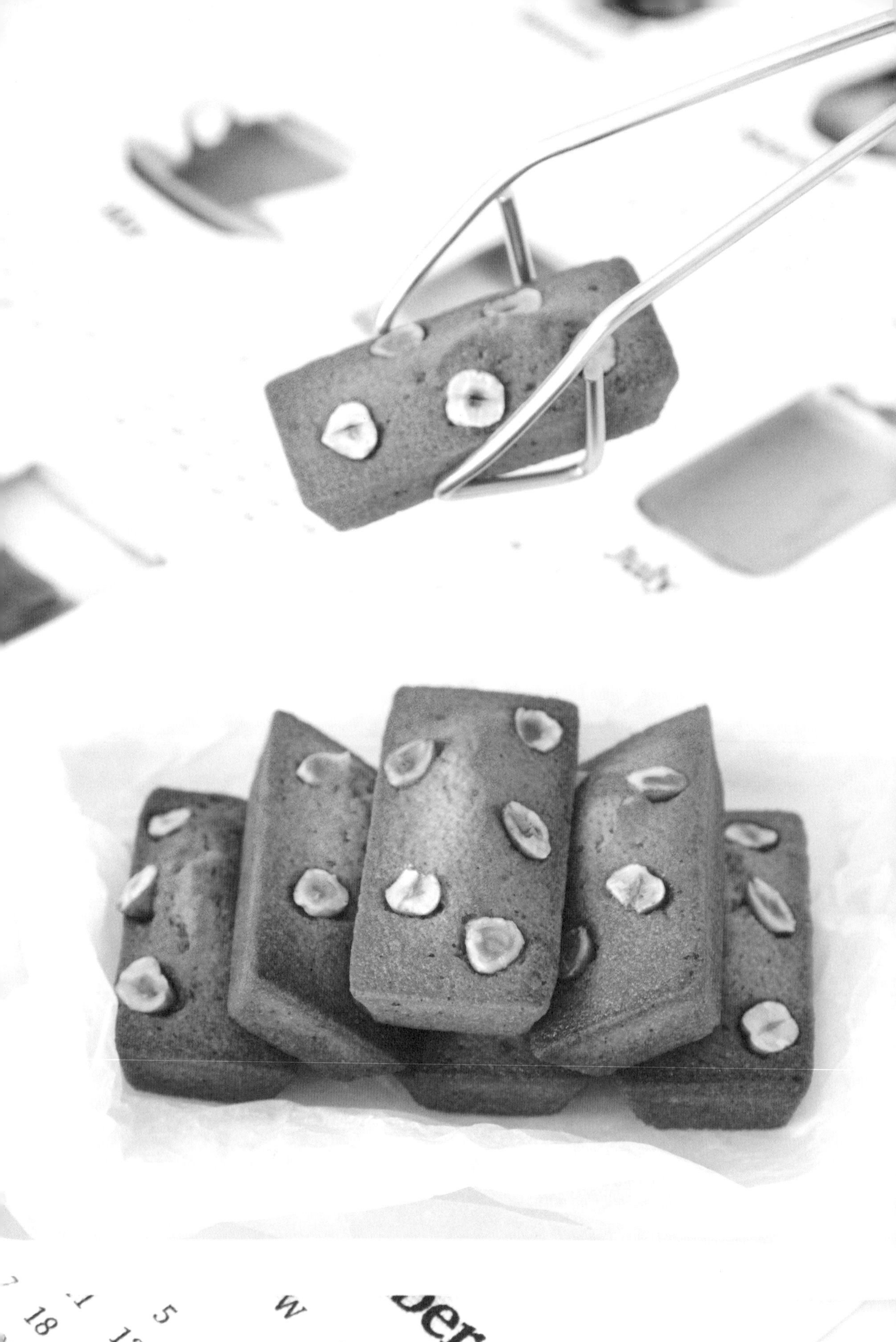

헤이즐넛 피낭시에

헤이즐넛가루, 캐러멜라이즈드 헤이즐넛과 헤이즐넛 프랄리네를 활용하여
헤이즐넛의 강렬한 향과 고소함을 극대화한 구움과자입니다.
헤이즐넛을 좋아한다면 꼭 한번 시도해 보세요.

재료

10~12개 분량

피낭시에 반죽	무염버터 130g, 흰자 120g, 꿀 15g, 소금 1g, 분당 100g, 헤이즐넛가루 54g, 박력분 48g, 헤이즐넛 프랄리네 36g
캐러멜라이즈드 헤이즐넛&프랄리네	물 14g, 백설탕 50g, 헤이즐넛 100g, 소금 1g
토핑	캐러멜라이즈드 헤이즐넛 적당량

도구

지름 18cm 믹싱볼, 거품기, 실리콘 주걱, 체망, 짤주머니, 냄비, 붓, 철판, 테프론시트(또는 종이포일), 믹서기(또는 푸드프로세서), 식힘망, 피낭시에 틀 12구

준비 작업

- 무염버터는 깍둑썰기 해 미리 준비하세요.
- 모든 재료는 실온 상태로 준비하세요.
- 분당, 헤이즐넛가루, 박력분은 미리 섞어 두세요.
- 헤이즐넛은 흐르는 물에 세척 후 물기를 제거해 두세요.
- 틀 코팅력이 약한 경우 미리 붓으로 버터 칠을 한 후 사용 전까지 냉장 보관하세요.

Recipe

캐러멜라이즈드 헤이즐넛 & 프랄리네

1 냄비에 물과 백설탕을 넣는다.

2 118℃까지 시럽을 끓인다.

Joy's Tip 주걱으로 저으면 결정화될 수 있으므로 냄비째 회전시키거나 그대로 두세요.

3 불을 끈 상태에서 헤이즐넛과 소금을 넣고 실리콘 주걱으로 저어준다.

Joy's Tip 설탕이 하얗게 결정화 될 때까지 골고루 저어주세요.

4 중불로 갈색이 될 때까지 캐러멜화 한다. 이때 색이 골고루 나도록 계속해서 저어준다.

Joy's Tip 캐러멜 색이 진할수록 쓴맛이 생기니 황금 갈색이 되면 불을 끕니다.

5 철판에 넓게 펼쳐서 완전히 식힌다.

Joy's Tip 철판 위에 실리콘 매트나 테프론시트, 종이포일 등을 깔아 준비하세요.

6 식힌 캐러멜라이즈드 헤이즐넛의 절반은 반으로 잘라 토핑용으로 덜어 두고, 나머지는 믹서기(또는 푸드프로세서)에 담는다.

7 액상화가 될 때까지 곱게 갈아서 프랄리네를 만든다.

Joy's Tip 견과류 양에 맞춰 믹서기(또는 푸드프로세서)를 적절한 크기로 선택하세요.

8 반죽에 넣을 프랄리네 36g을 따로 분리한다.

Joy's Tip 남은 프랄리네는 밀폐용기에 담아 냉장에서 1주 또는 냉동에서 2개월간 보관 가능합니다.

피낭시에 반죽 & 마무리

1 냄비에 무염버터를 넣는다.

2 실리콘 주걱으로 저어가며 진한 갈색이 될 때까지 태운다.

3 냄비를 얼음물에 10초간 담근 후 잠시 식힌다.

Joy's Tip 오래 담그면 차갑게 식을 수 있으므로 주의하세요.

4 믹싱볼에 흰자, 꿀, 소금을 넣고 거품기로 잘 어우러질 때까지만 섞는다.

Joy's Tip 거품을 많이 내면 구웠을 때 바닥이 들뜨는 현상이 생기니 주의하세요.

5 분당, 헤이즐넛가루, 박력분을 체 쳐 넣고 거품기로 가루가 보이지 않을 때까지만 골고루 섞는다.

Joy's Tip 가루 재료를 오래 섞으면 글루텐이 형성되어 질긴 식감이 될 수 있습니다.

6 3의 태운 버터(60~70℃) 절반을 반죽에 넣고 버터가 보이지 않을 때까지 섞는다.

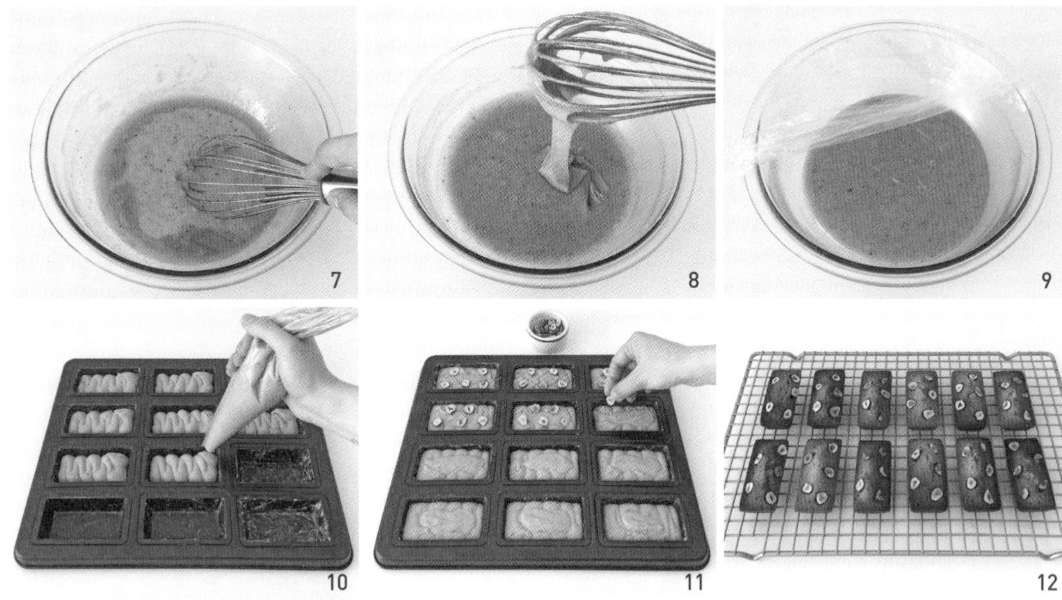

7 나머지 버터를 넣고 골고루 저어서 유화시킨다.

Joy's Tip 버터가 겉돌지 않고 매끈한 상태입니다. 이때 버터가 차가우면 유화되기 어려우므로 온도를 꼭 지켜주세요.

8 헤이즐넛 프랄리네를 넣고 부드럽게 섞는다.

9 밀착 랩핑한 후 최소 1시간, 최대 24시간 냉장 휴지한다.

Joy's Tip 휴지가 끝나면 오븐을 200℃로 20분간 예열하세요.

10 휴지가 끝난 반죽을 짤주머니에 담아 틀에 80%가량 채워 넣는다.

Joy's Tip 틀 깊이, 팬닝 양에 따라 완성되는 개수가 달라질 수 있어요.

11 반으로 자른 캐러멜라이즈드 헤이즐넛을 테두리에 토핑한다.

12 예열한 오븐에 넣어 190℃에서 11~13분간 굽고 뜨거울 때 식힘망으로 옮긴 후 완전히 식혀 마무리한다.

섭취 및 보관 실온 3일, 냉동 3주

피스타치오 피낭시에

누긴하고 고소한 피스타치오 향이 태운 버터와 조화를 이루는 디저트입니다.
고급스럽고 맛도 좋아 선물하기 좋은 구움과자입니다.

재료 8개 분량

피낭시에 반죽	무염버터 140g, 흰자 126g, 꿀 20g, 소금 1g, 분당 108g, 아몬드가루 35g, 박력분 60g, 피스타치오 페이스트 45g
피스타치오 페이스트	구운 피스타치오 60g, 식용유 6g, 백설탕 10g
틀 코팅용	무염버터 적당량, 백설탕 적당량
토핑	피스타치오 분태 30g

도구

지름 18cm 믹싱볼, 거품기, 실리콘 주걱, 체망, 짤주머니, 믹서기(또는 푸드프로세서), 냄비, 붓, 테프론시트, 철판, 식힘망, 피낭시에 바통 틀 8구

준비 작업

- 무염버터는 깍둑썰기 해 준비하세요.
- 모든 재료는 실온 상태로 준비하세요.
- 분당, 아몬드가루, 박력분은 미리 섞어 두세요.
- 틀 안쪽에 붓으로 버터 칠을 한 후 사용 전까지 냉장 보관하세요.

Recipe

피스타치오 페이스트

1 피스타치오 100g을 뜨거운 물에 5분간 담가 껍질을 불린 후 알맹이를 분리한다.

2 150℃로 예열한 오븐에 넣어 5분간 구운 후 잠시 식힌다.

3 식용유, 백설탕, 구운 피스타치오 60g을 믹서기에 넣고, 나머지 피스타치오는 칼로 다진다.

4 액상화가 될 때까지 곱게 갈아준 후 45g은 따로 분리한다.

Joy's Tip 견과류 양에 맞춰 믹서기(또는 푸드프로세서)를 적절한 크기로 선택하세요. 남은 페이스트는 밀폐용기에 담아 냉장에서 1주 또는 냉동에서 2개월간 보관 가능합니다.

피낭시에 반죽 & 마무리

1 냄비에 무염버터를 넣는다.

2 실리콘 주걱으로 저어가며 진한 갈색이 될 때까지 태운다.

3 냄비를 얼음물에 10초간 담근 후 잠시 식힌다.

Joy's Tip 오래 담그면 차갑게 식을 수 있으므로 주의하세요.

4 믹싱볼에 흰자, 꿀, 소금을 넣고 거품기로 어우러질 때까지만 섞는다.

Joy's Tip 거품을 많이 내면 구웠을 때 바닥이 들뜨는 현상이 생기니 주의하세요.

5 분당, 아몬드가루, 박력분을 체 쳐 넣는다.

6 거품기로 가루가 보이지 않을 때까지만 골고루 섞는다.

Joy's Tip 가루 재료를 오래 섞으면 글루텐이 형성되어 질긴 식감이 될 수 있습니다.

7 3의 태운 버터(60~70℃) 절반을 반죽에 넣고 버터가 보이지 않을 때까지 섞는다.

8 나머지 버터를 넣고 골고루 저어서 유화시킨다.

Joy's Tip 버터가 겉돌지 않고 매끈한 상태입니다. 이때 버터가 차가우면 유화되기 어려우므로 온도를 꼭 지켜주세요.

9 피스타치오 페이스트를 넣고 골고루 섞는다.

10 밀착 랩핑한 후 최소 1시간, 최대 24시간 냉장 휴지한다.

Joy's Tip 휴지가 끝나면 오븐을 200℃로 20분간 예열하세요.

11 버터 칠한 틀에 백설탕을 뿌린다.

12 틀을 상하좌우로 흔들어서 백설탕으로 코팅한다.

Joy's Tip 잔여 백설탕은 제거해주세요.

7 8 9 10 11 12

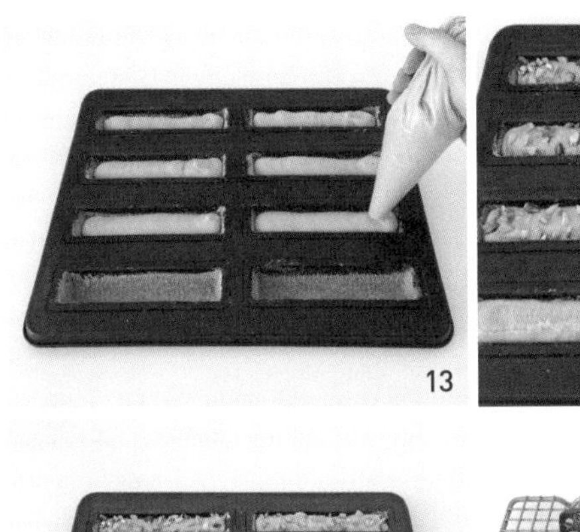
13

14

15

16

13 휴지가 끝난 반죽을 짤주머니에 담아 틀에 80%가량 채워 넣는다.

Joy's Tip 틀 깊이, 팬닝 양에 따라 완성되는 개수가 달라질 수 있어요.

14 피스타치오 분태를 토핑한다.

15 예열한 오븐에 넣어 190℃에서 11~13분간 굽는다.

16 뜨거울 때 식힘망으로 옮긴 후 완전히 식혀 마무리한다.

섭취 및 보관 실온 3일, 냉동 3주

The Monocle
Guide to Better

망고 패션 피낭시에

쫀득한 건망고가 씹히는 상큼 달달한 맛의 피낭시에예요.
패션후르츠 아이싱을 뿌려서 달콤함을 더했답니다.
피낭시에 중 가장 상큼한 맛이라 입맛을 리프레시하고 싶을 때 추천해요.

재료

10~12개 분량

피낭시에 반죽	무염버터 144g, 흰자 126g, 꿀 20g, 소금 1g, 바닐라익스트랙 1g, 분당 108g, 아몬드가루 60g, 박력분 54g, 건망고 40g
패션후르츠 아이싱	슈거파우더 75g, 패션후르츠청 38g
토핑	건망고 50g

도구

지름 18cm 믹싱볼, 거품기, 실리콘 주걱, 체망, 냄비, 짤주머니, 붓, 식힘망, 피낭시에 틀 12구

준비 작업

- 무염버터는 깍둑썰기 해 준비하세요.
- 모든 재료는 실온 상태로 준비하세요.
- 분당, 아몬드가루, 박력분은 미리 섞어 두세요.
- 틀 코팅력이 약한 경우 미리 붓으로 버터 칠을 한 후 사용 전까지 냉장 보관하세요.

Recipe

피낭시에 반죽 & 마무리

1 반죽용 건망고를 칼로 작게 다진다.

2 냄비에 무염버터를 넣는다.

3 실리콘 주걱으로 저어가며 진한 갈색이 될 때까지 태운다.

4 냄비를 얼음물에 10초간 담근 후 잠시 식힌다.

Joy's Tip 오래 담그면 차갑게 식을 수 있으므로 주의하세요.

5 믹싱볼에 흰자, 꿀, 소금, 바닐라익스트랙을 넣고 거품기로 어우러질 때까지만 섞는다.

Joy's Tip 거품을 많이 내면 구웠을 때 바닥이 들뜨는 현상이 생기니 주의하세요.

6 분당, 아몬드가루, 박력분을 체 쳐 넣는다.

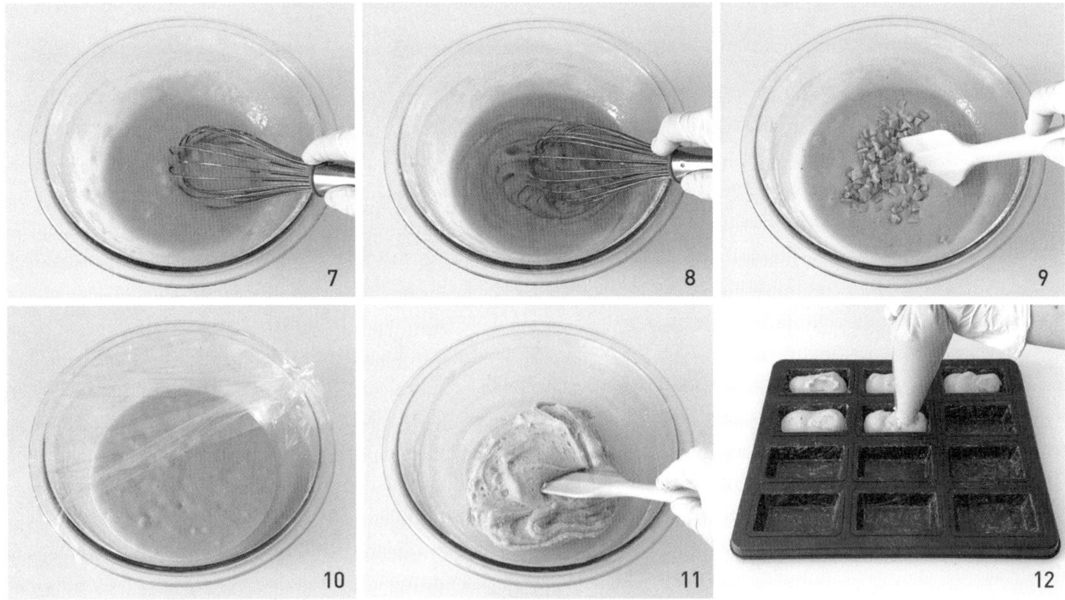

7 거품기로 날가루가 보이지 않을 때까지만 골고루 섞는다.

Joy's Tip 가루 재료를 오래 섞으면 글루텐이 형성되어 질긴 식감이 될 수 있습니다.

8 4의 태운 버터(60~70℃)를 2회에 걸쳐 나눠 넣고 버터가 보이지 않을 때까지 섞는다.

Joy's Tip 버터가 겉돌지 않고 매끈한 상태입니다. 이때 버터가 차가우면 유화되기 어려우므로 온도를 꼭 지켜주세요.

9 다진 건망고를 넣고 실리콘 주걱으로 골고루 섞는다.

10 밀착 랩핑한 후 최소 1시간, 최대 24시간 냉장 휴지한다.

Joy's Tip 휴지가 끝나면 오븐을 200℃로 20분간 예열하세요.

11 휴지가 끝난 반죽을 실리콘 주걱으로 풀어 되기를 맞춘다.

12 반죽을 짤주머니에 담아 버터 칠한 틀에 80%가량 채워 넣는다.

Joy's Tip 틀 깊이, 팬닝 양에 따라 완성되는 개수가 달라질 수 있어요.

13 토핑용 건망고를 적당한 크기로 잘라서 올린다.

14 예열한 오븐에 넣어 180℃에서 13~15분간 굽는다.

Joy's Tip 건망고가 탈 수 있으므로 굽는 온도를 190℃ 미만으로 해 주세요.

15 오븐에서 꺼내자마자 식힘망으로 옮겨 식힌다. 믹싱볼에 패션후르츠 아이싱 재료를 모두 넣고 골고루 섞어 피낭시에 윗면에 얇게 펴 바른다.

16 아이싱이 손에 묻지 않을 때까지 실온에 두어 말려 마무리한다.

섭취 및 보관 실온 3일, 냉동 3주

18
Sherrilyn Kenyon and Dianna Love
anchors Eliot had placed on the way up to now climb
below the inclined face of the wall, which would pro-
tect them both from enemy fire.
Eliot started dropping fast.
the silence.
hit."
Hunter's blood turned into ice.
He twisted to look down.
Eliot's life depended on Hunter keeping his head
and holding tight to this anchor. Even shot, Eliot was
stronger than most men in their best condition.
Hunter *would* get him off this rock.

솔티 캐러멜 아몬드 피낭시에

캐러멜소스를 발라 광택감이 돋보이는 쫀득한 식감의 피낭시에예요.
말돈 소금을 뿌려 단짠 조합이 잘 어울리는 데다
아몬드의 고소함도 함께 즐길 수 있답니다.

재료 10~12개 분량

피낭시에 반죽	무염버터 144g, 흰자 126g, 꿀 10g, 소금 1.5g, 분당 108g, 아몬드가루 60g, 박력분 54g, 캐러멜소스 40g, 구운 아몬드 슬라이스 한 컵
토핑	캐러멜소스 반 컵, 말돈 소금 약간

도구

지름 18cm 믹싱볼, 거품기, 실리콘 주걱, 체망, 짤주머니, 붓, 냄비, 식힘망, 피낭시에 틀 12구

준비 작업

- 무염버터는 깍둑썰기 해 준비하세요.
- 모든 재료는 실온 상태로 준비하세요.
- 분당, 아몬드가루, 박력분은 미리 섞어 두세요.
- 틀 코팅력이 약한 경우 미리 붓으로 버터 칠을 한 후 사용 전까지 냉장 보관하세요.
- 캐러멜소스는 43쪽을 참고해 만들어 준비하세요.
- 아몬드 슬라이스는 150℃로 예열한 오븐에 넣어 10분간 구워 준비하세요.

Recipe

피낭시에 반죽 & 마무리

1 냄비에 무염버터를 넣는다.

2 실리콘 주걱으로 저어가며 진한 갈색이 될 때까지 태운다.

3 냄비를 얼음물에 10초간 담근 후 잠시 식힌다.

Joy's Tip 오래 담그면 차갑게 식을 수 있으므로 주의하세요.

4 믹싱볼에 흰자, 꿀, 소금을 넣고 거품기로 어우러질 때까지만 섞는다.

Joy's Tip 거품을 많이 내면 구웠을 때 바닥이 들뜨는 현상이 생기니 주의하세요.

5 분당, 아몬드가루, 박력분을 체 쳐 넣고 거품기로 가루가 보이지 않을 때까지 골고루 섞는다.

Joy's Tip 가루 재료를 오래 섞으면 글루텐이 형성되어 질긴 식감이 될 수 있습니다.

6 3의 태운 버터(60~70℃) 절반을 반죽에 넣고 버터가 보이지 않을 때까지 섞는다.

7 나머지 버터를 넣고 골고루 저어서 유화시킨다.

Joy's Tip 버터가 겉돌지 않고 매끈한 상태입니다. 이때 버터가 차가우면 분리될 수 있으므로 온도를 꼭 지켜주세요.

8 캐러멜소스를 넣고 섞은 후 최소 1시간, 최대 24시간 냉장 휴지한다.

Joy's Tip 휴지가 끝나면 오븐을 200℃로 20분간 예열하세요.

9 반죽을 짤주머니에 담아 틀에 80%가량 채워 넣는다.

Joy's Tip 틀 깊이, 팬닝 양에 따라 완성되는 개수가 달라질 수 있어요.

10 구운 아몬드 슬라이스를 반죽 윗면에 토핑한 후 예열한 오븐에 넣어 190℃에서 11~13분간 굽는다.

11 오븐에서 꺼내자마자 식힘망에 분리한다.

12 윗면에 캐러멜소스를 바르고 말돈 소금을 뿌려 마무리한다.

섭취 및 보관 실온 3일, 냉동 3주

Scone

버터 스콘

레몬 블루베리 스콘

단팥 흑임자 스콘

블랙 올리브 치즈 스콘

콩절미 스콘

초코칩 스콘

이번 파트에서는 간식으로 먹기 좋은 달콤한 스콘부터 식사대용으로 좋은 든든한 스콘까지 다양한 재료를 활용한 6가지 스콘을 준비했어요. 디저트 숍에 진열된 모습을 상상하며 레시피를 만들었답니다. 전체적으로 묵직하면서도 겉바속촉의 식감을 살려 하나만 먹어도 든든해요.

버터 스콘

결이 살아 있어 바삭하고 달지 않아 담백하게 즐기기 좋은 스콘이에요.
따뜻한 홍차와 함께 브런치에 곁들여 보세요.
잼이나 클로티드 크림을 발라 먹으면 더욱 맛있답니다.

재료

6개 분량

스콘 반죽	박력분 300g, 백설탕 58g, 소금 3g, 베이킹파우더 7g, 무염버터 130g, 생크림 52g, 달걀 60g
달걀물	달걀 30g, 우유 30g
토핑	황설탕 약간

도구

체망, 스크래퍼 2개, 랩, 타공 매트, 붓, 밀대, 철판, 식힘망, 지름 6cm 쿠키 커터

준비 작업

- 무염버터는 깍둑썰기 해 준비하세요.
- 생크림과 달걀은 함께 섞어 두세요.
- 모든 재료는 반드시 차갑게 준비하세요.
- 달걀물 재료는 섞어서 준비하세요.
- 타공 매트는 종이포일이나 테프론시트로 대체할 수 있습니다.

Recipe

스콘 반죽 & 마무리

1 작업대에 박력분, 설탕, 소금, 베이킹파우더를 체 친다.

2 깍둑썰기 해 차갑게 준비한 무염버터를 올린다.

3 스크래퍼로 반죽을 다지면서 버터를 팥알 크기만큼 쪼갠다.

4 가운데에 홈을 파서 차가운 생크림과 달걀 혼합물을 넣는다.

5 윗면에 가루를 얇게 덮고 1분간 그대로 방치한 후 스크래퍼로 가루가 80% 섞일 때까지 골고루 섞는다.

Joy's Tip 1~5번 과정은 푸드프로세서로 반죽해도 됩니다.

6 반죽을 접고 쌓아 올리는 과정을 7회 반복한다.

Joy's Tip 반죽이 바닥에 달라붙지 않도록 박력분을 뿌려가며 작업하세요.

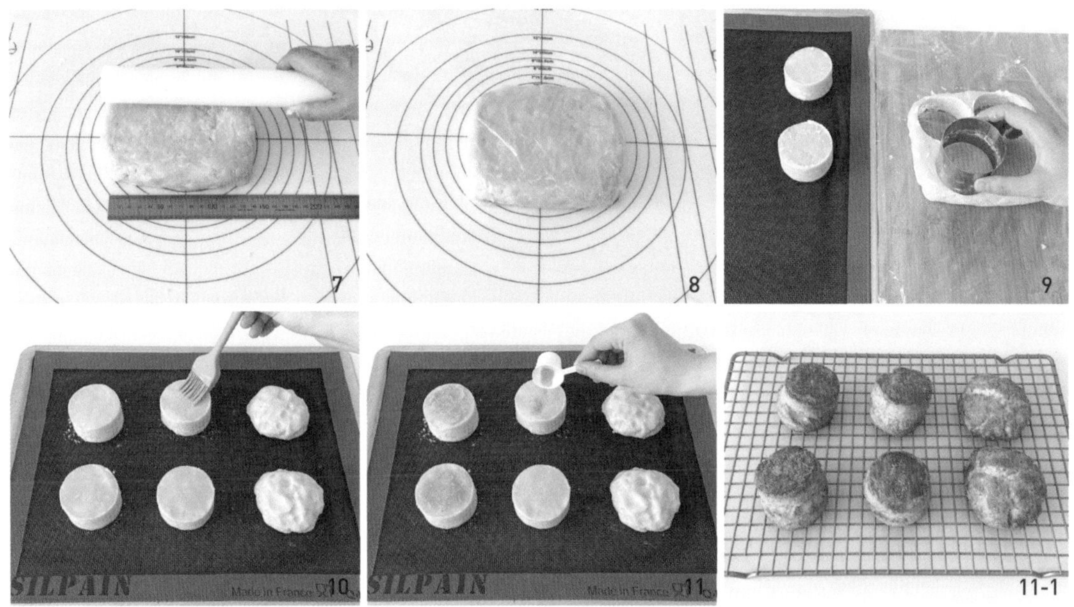

7 8 9 10 11 11-1

7 길이 14cm 크기의 정사각형 모양으로 만들고, 반죽의 높이가 일정하도록 밀대로 윗면을 정돈한다.

8 반죽에 랩을 씌워서 1시간 이상 단단하게 냉장 휴지한다.

Joy's Tip 휴지가 끝나면 오븐을 190℃로 20분간 예열하세요. 반죽이 말랑하면 결이 생기지 않고 과하게 퍼지니 주의하세요.

9 반죽을 6cm 쿠키 커터로 찍는다. 남은 반죽은 110g씩 분할해 한 덩어리로 뭉친다.

Joy's Tip 쿠키 커터가 없다면 원하는 모양으로 잘라서 6등분으로 팬닝하세요. 타공 매트를 사용하면 바닥면이 넓게 퍼지는 것을 막아줍니다.

10 윗면에 달걀물을 바른다. 이때 반죽의 지름을 넘지 않도록 한다.

11 황설탕을 윗면에 뿌리고 오븐에 넣어 180℃에서 23분 전후로 굽는다. 한 김 식으면 식힘망으로 옮겨 완전히 식힌 후 마무리한다.

섭취 및 보관 실온 2일, 냉동 3주

레몬 블루베리 스콘

블루베리의 달콤함과 레몬의 상큼한 맛이 어우러지는 스콘이에요.
건조 블루베리는 시간이 흘러도 변색되지 않고 쫀득한 식감이 살아있어요.
레몬 아이싱을 뿌려 마무리하면 홈카페 이상의 분위기를 느낄 수 있답니다.

재료

6개 분량

스콘 반죽	박력분 300g, 백설탕 50g, 소금 3g, 베이킹파우더 6g, 무염버터 116g, 레몬즙 10g, 생크림 65g, 달걀 60g, 건조 블루베리 110g, 레몬 1개
레몬 아이싱	분당 70g, 레몬즙 15g
달걀물	달걀 30g, 우유 30g

도구

믹싱볼, 체망, 푸드프로세서, 그라인더, 붓, 짤주머니, 실리콘 주걱, 테프론시트, 철판, 식힘망

준비 작업

- 무염버터는 깍둑썰기 해 준비하세요.
- 생크림과 달걀은 함께 섞어 두세요.
- 모든 재료는 반드시 차갑게 준비하세요.
- 레몬은 29쪽을 참고해 미리 전처리해 준비하세요.
- 달걀물 재료는 섞어서 준비하세요.

Recipe

스콘 반죽&마무리

1 건조 블루베리는 따뜻한 물에 20분간 담가서 불린다.

Joy's Tip 건조 블루베리의 양은 취향에 따라 가감하세요.

2 물기를 제거한 후 잠시 한쪽에 둔다.

3 전처리한 레몬을 노란 부분만 그라인더로 갈아 레몬 제스트를 만든다.

Joy's Tip 쓴맛이 생기지 않도록 최대한 노란 부분만 벗겨주세요. 남은 레몬은 반으로 잘라 즙으로 활용하세요.

4 푸드프로세서 믹싱볼 안에 박력분, 백설탕, 소금, 베이킹파우더를 체 쳐 넣는다.

5 깍둑썰기 해 차갑게 준비한 무염버터와 3의 레몬 제스트를 넣는다.

6 푸드프로세서를 짧게 끊어 돌려 버터를 팥알 크기만큼 잘게 쪼갠다.

7 레몬즙, 차가운 생크림과 달걀 혼합물을 넣는다.

8 푸드프로세서를 짧게 끊어가면서 돌려 7이 소보로 상태가 될 때까지 반죽한다.

9 2의 블루베리를 넣고 골고루 혼합한다.

Joy's Tip 반죽이 질어지지 않도록 짧게 섞어 줍니다.

10 반죽이 끝나면 작업대에 옮겨 한 덩어리로 뭉쳐서 랩핑한 후 1시간 이상 단단하게 냉장 휴지한다.

Joy's Tip 덧가루(강력분)를 사용하면 손에 달라붙지 않아요. 휴지가 끝나면 오븐을 190℃로 20분간 예열하세요.

11 반죽을 6등분으로 자른다.

Joy's Tip 취향에 따라 네모난 모양으로 자르거나 동그랗게 뭉쳐도 좋습니다.

12 테프론시트를 깔아 준비한 철판에 간격을 두어 팬닝한 후 윗면에 붓으로 달걀물을 얇게 펴 바른다.

13 예열한 오븐에 넣어 180℃에서 23분 전후로 굽는다.

14 믹싱볼에 레몬 아이싱 재료를 모두 넣고 실리콘 주걱으로 골고루 섞는다.

15 레몬 아이싱을 짤주머니에 담아 스콘 윗면에 짜 올려 마무리한다.

Joy's Tip 레몬 아이싱은 스콘이 뜨거울 때 뿌리면 옆으로 퍼지고, 완전히 식힌 후 뿌리면 두께감이 있어요. 이 책에서는 뜨거울 때 뿌렸습니다.

섭취 및 보관 실온 2일, 냉동 3주

단팥 흑임자 스콘

달콤한 팥 앙금을 샌드한 묵직한 식감의 흑임자 스콘이에요.
흑임자 맛이 진하게 느껴지도록 달걀을 넣지 않고 담백한 맛을 냈어요.
팥 앙금과 함께 먹으면 단맛의 밸런스가 잘 맞을 뿐만 아니라 '할매 입맛'을
저격하는 스콘이랍니다. 흑임자 아이싱을 뿌리면 단맛이 추가되지만,
카페에서 파는 듯한 멋스러움이 느껴져요.

재료

6개 분량

스콘 반죽	중력분 280g, 흑임자가루 35g, 백설탕 46g, 소금 3g, 베이킹파우더 7g, 무염버터 120g, 우유 75g, 흑임자 페이스트 40g, 팥 앙금 300g
흑임자 아이싱	분당 70g, 흑임자 페이스트 5g, 우유 15g
달걀물	달걀 30g, 우유 30g
토핑	검은깨 약간, 흑임자가루 약간

도구

믹싱볼, 체망, 푸드프로세서, 붓, 짤주머니, 실리콘 주걱, 타공 매트(또는 데프론시트), 철판, 식힘망

준비 작업

- 무염버터는 깍둑썰기 해 준비하세요.
- 모든 재료는 반드시 차갑게 준비하세요.
- 달걀물 재료는 섞어서 준비하세요.

Recipe

스콘 반죽 & 마무리

1 푸드프로세서 믹싱볼 안에 중력분, 흑임자가루, 백설탕, 소금, 베이킹파우더를 체 쳐 넣는다.

2 깍둑썰기 해 차갑게 준비한 무염버터를 넣는다.

3 푸드프로세서를 짧게 끊어 돌려 버터를 팥알 크기만큼 잘게 쪼갠다.

4 차가운 우유와 흑임자 페이스트를 넣는다.

5 푸드프로세서를 짧게 끊어 돌려 소보로 상태가 될 때까지 반죽한다.

6 반죽을 한 덩어리로 뭉쳐서 랩핑한 후 1시간 이상 단단하게 냉장 휴지한다.

Joy's Tip 휴지가 끝나면 오븐을 190℃로 20분간 예열하세요.

7 반죽을 6등분(1개당 약 94g)한 후 손끝으로 눌러서 표면이 울퉁불퉁한 모양이 되도록 성형한다.

8 윗면에 붓으로 달걀물을 얇게 펴 바른다.

9 예열한 오븐에 넣어 180℃에서 20분 전후로 굽는다.

10 식힘망 위에 올려 완전히 식힌다.

11 팥 앙금을 50g씩 분할해서 스콘 지름 크기 정도로 납작하게 누른다.

Joy's Tip 분당을 묻히면서 작업하면 팥 앙금이 손에 달라붙지 않아요.

12 10의 스콘을 반으로 잘라 팥 앙금을 가운데에 샌드한다.

13 믹싱볼에 흑임자 아이싱 재료를 모두 넣고 실리콘 주걱으로 골고루 섞는다.

14 흑임자 아이싱을 짤주머니에 담아 스콘 윗면에 짜 올린다.

15 검은깨, 흑임자가루 등을 뿌려 마무리한다.

섭취 및 보관 실온 2일, 냉동 3주

블랙 올리브 치즈 스콘

짭짤한 블랙 올리브와 체다 치즈로 만든 스콘이에요.
식사대용으로 먹기 좋은 요리용 스콘이랍니다.
따뜻하게 데워 먹으면 더욱 맛있어요.

재료

6개 분량

스콘 반죽	박력분 300g, 백설탕 50g, 소금 2g, 통후추 1g, 베이킹파우더 7g, 무염버터 130g, 생크림 50g, 달걀 60g, 건조용 블랙 올리브 30g, 반죽용 블랙 올리브 30g, 체다 치즈 50g
달걀물	달걀 30g, 우유 30g

도구

믹싱볼, 믹서기, 체망, 푸드프로세서, 실리콘 주걱, 붓, 밀대, 철판, 테프론시트, 식힘망

준비 작업

- 무염버터는 깍둑썰기 해 준비하세요.
- 생크림과 달걀은 함께 섞어 두세요.
- 모든 재료는 반드시 차갑게 준비하세요.
- 블랙 올리브는 물기를 짜서 준비하세요.
- 달걀물 재료는 섞어서 준비하세요.

Recipe

스콘 반죽&마무리

1 철판에 데프론시트를 깔고 건조용 블랙 올리브 30g을 펼친 후 150℃로 예열한 오븐에 넣고 15분간 굽는다.

Joy's Tip 크기가 약간 줄어들고 건조한 느낌이 들 때까지 구워 주세요.

2 1을 완전히 식힌 후 믹서기에 갈아서 파우더 형태로 만든다.

3 반죽용 블랙 올리브 30g은 칼로 큼직하게 다지고, 체다 치즈는 1cm 크기의 정육면체로 썬다.

4 푸드프로세서 믹싱볼 안에 박력분, 백설탕, 소금, 통후추, 베이킹파우더를 체 쳐 넣는다.

Joy's Tip 가루후추보다 통후추를 갈아서 넣는 것이 더욱 맛있습니다.

5 2의 블랙 올리브 파우더와 깍둑썰기 해 차갑게 준비한 무염버터를 넣고 푸드프로세서를 짧게 끊어 돌리며 버터를 팥알 크기만큼 잘게 쪼갠다.

6 차가운 생크림과 달걀 혼합물을 넣는다.

7 푸드프로세서를 짧게 끊어 돌리며 소보로 상태가 될 때까지 반죽한다.

8 체다 치즈와 다진 블랙 올리브를 넣고 푸드프로세서를 짧게 끊어 돌리며 골고루 혼합한다.

Joy's Tip 반죽이 질어지지 않도록 짧게 섞어 줍니다.

9 한 덩어리로 뭉쳐 랩핑한 후 1시간 이상 단단하게 냉장 휴지한다.

Joy's Tip 휴지가 끝나면 오븐을 190℃로 20분간 예열하세요.

10 반죽을 6등분(1개당 약 118g)한 후 손끝으로 눌러서 표면이 울퉁불퉁한 모양이 되도록 성형한다.

11 윗면에 달걀물을 얇게 바른다. 이때 반죽의 지름을 넘지 않도록 한다.

12 예열한 오븐에 넣어 180℃에서 23분 전후로 굽고 한 김 식으면 식힘망으로 옮겨 완전히 식힌 후 마무리한다.

섭취 및 보관 실온 2일, 냉동 3주

콩절미 스콘

콩배기가 듬뿍 들어가 촉촉하고 달콤한 스콘이에요. 평소 영양찰떡을 좋아해 스콘 버전으로 만들어 봤어요. 콩고물에 굴려 인절미를 먹는 듯한 고소함을 더했답니다. 연유에 찍어 달콤하게 즐겨보세요.

재료

6개 분량

스콘 반죽	박력분 300g, 백설탕 50g, 소금 3g, 베이킹파우더 7g, 무염버터 130g, 생크림 52g, 달걀 60g, 콩배기 150g
달걀물	달걀 30g, 우유 30g
토핑	콩고물 50g

도구

믹싱볼, 체망, 푸드프로세서, 붓, 실리콘 주걱, 밀대, 철판, 테프론시트, 식힘망, 위생팩

준비 작업

- 무염버터는 깍둑썰기 해 준비하세요.
- 생크림과 달걀은 함께 섞어 두세요.
- 모든 재료는 반드시 차갑게 준비하세요.
- 달걀물 재료는 섞어서 준비하세요.

Recipe

스콘 반죽&마무리

1 푸드프로세서 믹싱볼 안에 박력분, 백설탕, 소금, 베이킹파우더를 체 쳐 넣는다.

2 깍둑썰기 해 차갑게 준비한 무염버터를 넣고 푸드프로세서를 짧게 끊어 돌리며 버터를 팥알 크기만큼 잘게 쪼갠다.

3 차가운 생크림과 달걀 혼합물을 넣는다.

4 푸드프로세서를 짧게 끊어 돌리며 소보로 상태가 될 때까지 반죽한다.

5 콩배기를 넣는다.

6 실리콘 주걱으로 섞으며 골고루 혼합한다.

Joy's Tip 콩배기가 부서지거나 반죽이 질어지지 않도록 짧게 섞어 줍니다.

7 반죽을 한 덩어리로 뭉쳐서 랩핑한 후 1시간 이상 단단하게 냉장 휴지한다.

Joy's Tip 덧가루(강력분)를 사용하면 손에 달라붙지 않아요. 휴지가 끝나면 오븐을 190℃로 20분간 예열하세요.

8 반죽을 6등분(1개당 약 124g)한 후 손끝으로 눌러서 표면이 울퉁불퉁한 모양이 되도록 성형한다.

9 윗면에 붓으로 달걀물을 얇게 바른다.

10 예열한 오븐에 넣어 180℃에서 23분 전후로 굽는다.

11 식힘망 위에 올려 완전히 식힌다.

12 콩고물을 담은 위생팩에 스콘을 넣고 콩고물을 골고루 묻혀 마무리한다.

섭취 및 보관 실온 2일, 냉동 3주

초코칩 스콘

이보다 진한 초코 맛 스콘은 없을 거예요.
초코칩도 듬뿍 넣어서 더욱 진한 초코 맛을 느낄 수 있어요.
스콘 파트에서 가장 묵직한 식감이라 우유와 함께 즐기길 추천해요.

재료 6개 분량

스콘 반죽	중력분 280g, 코코아파우더 20g, 백설탕 58g, 소금 3g, 베이킹파우더 7g, 무염버터 120g, 우유 100g, 초코칩 120g
달걀물	달걀 30g, 우유 30g
토핑	초코칩 약간

도구

믹싱볼, 체망, 푸드프로세서, 붓, 철판, 테프론시트, 식힘망

준비 작업

- 무염버터는 깍둑썰기 해 준비하세요.
- 모든 재료는 반드시 차갑게 준비하세요.
- 초코칩 크기가 클 경우 칼로 다져서 준비하세요.
- 달걀물 재료는 섞어서 준비하세요.

Recipe

스콘 반죽&마무리

1 푸드프로세서 믹싱볼 안에 중력분, 코코아파우더, 백설탕, 소금, 베이킹파우더를 체 쳐 넣는다.

2 깍둑썰기 해 차갑게 준비한 무염버터를 넣고 푸드프로세서를 짧게 끊어 돌리며 버터를 팥알 크기만큼 잘게 쪼갠다.

3 차가운 우유를 넣고 푸드프로세서를 짧게 끊어 돌리며 소보로 상태가 될 때까지 반죽한다.

4 반죽용 초코칩을 넣는다.

5 푸드프로세서를 짧게 끊어 돌리며 골고루 섞는다.

Joy's Tip 반죽이 질어지지 않도록 짧게 섞어 줍니다.

6 반죽을 한 덩어리로 뭉쳐서 지름 16cm 원형 크기로 만든다.

Joy's Tip 덧가루(강력분)를 사용하면 손에 달라붙지 않아요.

7 랩핑한 후 1시간 이상 단단하게 냉장 휴지한다.

Joy's Tip 휴지가 끝나면 오븐을 190℃로 20분간 예열하세요.

8 반죽을 6등분으로 자른다.

9 반죽 윗면에 붓으로 달걀물을 얇게 바른다.

10 윗면에 토핑용 초코칩을 얹은 후 살짝 누른다.

Joy's Tip 청크 초코칩은 열에 강하므로 오븐에서 녹지 않습니다.

11 예열한 오븐에 넣어 180℃에서 23분 전후로 굽는다.

12 식힘망에 올린 후 완전히 식혀 마무리한다.

섭취 및 보관 실온 2일, 냉동 3주

Pound Cake

헤이즐넛 파운드케이크

레몬 얼그레이 파운드케이크

바닐라 가나슈 파운드케이크

오렌지 업사이드 다운 케이크

옥수수 크럼블 파운드케이크

레밍턴 케이크

파운드케이크 파트에서는 촉촉하고 부드러운 식감을 중점으로 한 6가지 디저트용 파운드케이크로 구성해 봤어요. 원형 팬, 오란다 팬, 구겔호프 팬, 플럽피 몰드까지 4가지 틀을 활용했답니다. 크림법, 스펀지법 등 파운드케이크마다 제법이 다르므로 어떤 식감의 차이가 있는지 비교해 보는 재미도 느껴보세요.

헤이즐넛 파운드케이크

고소한 헤이즐넛 향이 어우러지는 달콤한 카스테라 느낌의 파운드케이크예요. 노른자만 사용해 농후한 맛을 표현했어요. 묵직한 식감보다 카스테라처럼 촉촉한 식감의 파운드를 좋아한다면 이 레시피를 꼭 활용해 보세요.

재료

1개 분량

파운드케이크 반죽	무염버터 80g, 백설탕 120g, 소금 1g, 노른자 85g, 바닐라익스트랙 2g, 중력분 90g, 헤이즐넛가루 40g, 베이킹파우더 3g, 생크림 30g
틀 코팅	무염버터 1스푼, 강력분 1스푼
토핑	헤이즐넛 50g

도구

지름 18cm 믹싱볼, 거품기, 실리콘 주걱, 체망, 짤주머니, 핸드믹서, 붓, 철판, 식힘망, 오란다 틀(대)

준비 작업

- 무염버터는 깍둑썰기 해 준비하세요.
- 모든 재료는 실온 상태로 준비하세요.
- 중력분, 헤이즐넛가루, 베이킹파우더는 함께 섞어 두세요.
- 헤이즐넛은 28쪽을 참고해 전처리해 준비하세요.

Recipe

파운드케이크 반죽 &마무리

1 틀 안쪽에 붓으로 부드러운 틀 코팅용 버터를 얇게 펴 바른다.

2 강력분을 한 스푼 넣고 틀을 상하좌우로 움직이면서 전체적으로 코팅한다.

3 뒤집어서 틀을 탕탕 내리친다. 이때 잔여 밀가루를 최대한 털어낸다.

Joy's Tip 틀 준비가 끝나면 오븐을 180℃로 15분 이상 예열하세요.

4 전처리한 헤이즐넛은 칼로 큼직하게 다져서 잠시 한쪽에 둔다.

5 믹싱볼에 부드러운 무염버터를 넣고 핸드믹서 중속으로 1분간 휘핑한다.

6 백설탕과 소금을 넣고 설탕이 어느 정도 녹으면서 뽀얗게 변할 때까지 중속으로 휘핑한다.

7 노른자와 바닐라익스트랙을 넣고 중속으로 골고루 휘핑한다.

8 가루 재료를 전부 체 쳐 넣고 가루가 군데군데 보이는 상태까지 실리콘 주걱으로 섞는다.

9 생크림을 전부 넣는다.

10 실리콘 주걱으로 골고루 섞은 후 반죽을 짤주머니에 담는다.

11 틀에 반죽을 전부 짜 넣는다.

12 윗면을 편평하게 정돈한 후 작업대에 5회 정도 내리쳐 쇼크를 준다.

13 다진 헤이즐넛을 윗면에 고르게 뿌린 후 손으로 살짝 눌러서 밀착시킨다.

14 예열한 오븐에 넣어 170℃에서 30분, 160℃에서 10분 전후로 굽는다.

Joy's Tip 꼬지(케이크 테스터)로 테스트했을 때 반죽이 묻어나오지 않거나 부스러기가 약간 묻으면 꺼내 주세요. 오븐에 따라 굽는 시간은 달라질 수 있습니다.

15 오븐에서 꺼내자마자 작업대에 1회 내리쳐 쇼크를 준다.

Joy's Tip 이 작업은 케이크 속 수증기를 제거하는 과정이에요. 이 과정을 생략하면 케이크가 수축할 수 있어요.

16 틀에서 분리한 후 식힘망 위에 올려 완전히 식혀 마무리한다.

섭취 및 보관 실온 3~4일, 냉동 3주

레몬 얼그레이 파운드케이크

상큼한 레몬과 향긋한 얼그레이가 완벽하게 어우러지는 파운드케이크예요.
따뜻한 홍차와 곁들이면 최고의 티푸드가 되어 줄 거예요.
플럼피 몰드는 작아서 만든 후 주변에 선물하기도 좋답니다.

재료 8개 분량

파운드케이크 반죽	무염버터 90g, 백설탕 85g, 소금 1g, 전란 90g, 레몬 제스트 1~2g, 중력분 100g, 베이킹파우더 3g, 얼그레이 찻잎 2g, 레몬즙 20g
레몬 아이싱	레몬즙 22g, 분당 130g
토핑	레몬칩 약간, 허브 잎 약간

도구

지름 18cm 믹싱볼, 그라인더, 핸드믹서, 실리콘 주걱, 체망, 짤주머니, 철판, 식힘망, 플럼피 몰드 4개 또는 오란다 틀(대)

준비 작업

- 무염버터는 깍둑썰기 해 준비하세요.
- 모든 재료는 실온 상태로 준비하세요.
- 레몬은 29쪽을 참고해 깨끗이 세척해 준비하세요.
- 중력분, 베이킹파우더, 얼그레이 찻잎은 함께 섞어 두세요.
- 얼그레이 찻잎은 얼그레이 티백을 잘라서 찻잎만 활용하세요. 찻잎이 크다면 믹서기에 갈아 사용하세요.
- 토핑용 레몬칩은 레몬을 3mm 두께로 슬라이스한 후 90℃에서 40분 전후로 구워 사용하세요.
- 재료 준비가 끝나면 오븐을 180℃로 15분 이상 예열하세요.

Recipe

파운드케이크 반죽 & 마무리

1 세척한 레몬의 노란 껍질 부분만 그라인더로 갈아 제스트를 만들어 백설탕과 섞어 둔다.

Joy's Tip 남은 레몬은 반으로 잘라 레몬즙을 짜서 활용하세요.

2 믹싱볼에 무염버터를 넣고 핸드믹서 중속으로 1분간 휘핑한다.

3 백설탕과 섞어 둔 레몬 제스트, 소금을 넣고 설탕이 어느 정도 녹으면서 뽀얗게 변할 때까지 중속으로 휘핑한다.

4 가루 재료의 1/3을 체 쳐 넣고 가루가 보이지 않을 때까지 저속으로 섞는다.

Joy's Tip 가루 재료를 미리 섞어 두면 분리되는 것을 예방할 수 있습니다.

5 전란을 5회에 걸쳐 나눠 넣으며 핸드믹서 중저속으로 휘핑한다.

Joy's Tip 이전에 넣은 달걀이 흡수된 후 다음 달걀을 넣어야 분리가 줄어듭니다. 달걀이 실온 상태일수록 유화가 잘됩니다.

6 나머지 가루 재료를 전부 체 쳐 넣고 가루가 군데군데 보이는 상태까지 실리콘 주걱으로 섞는다.

7 레몬즙을 전부 넣고 실리콘 주걱으로 부드럽게 섞는다.

8 틀에 반죽을 92g씩 빈틈 없이 채워 넣고 윗면을 편평하게 정리한다.

Joy's Tip 오란다 틀(대) 사용 시 반죽을 넣고 윗면을 오목하게 해주세요.

9 예열한 오븐에 넣어 170℃에서 20분 전후로 굽는다.

Joy's Tip 테스트했을 때 반죽이 묻어나오지 않거나 부스러기가 약간 묻으면 꺼내주세요. 오란다 틀(대)에 굽는 경우 170℃에서 40분 전후로 구워주세요.

10 오븐에서 꺼내면 식힘망 위에 올려 완전히 식힌다.

11 레몬 아이싱 재료를 믹싱볼에 전부 넣고 실리콘 주걱으로 섞는다.

12 레몬 아이싱을 짤주머니에 담아 케이크 윗면에 짜 준 후 레몬칩, 허브 잎 등으로 장식해 마무리한다.

Joy's Tip 아이싱은 케이크가 뜨거울 땐 얇게, 완전히 식었을 때는 두께감 있게 코팅됩니다. 많이 짜 줄수록 당도가 높아지므로 넣는 양을 조절하세요.

섭취 및 보관 실온 3~4일, 냉동 3주

바닐라 가나슈 파운드케이크

촉촉하고 부드러운 바닐라 맛 파운드케이크예요.
단순해 보이지만 반죽 속에 바닐라 가나슈를 넣어 진한 바닐라 향이 느껴지는 게 특징이랍니다. 취향에 따라 데코스노우를 뿌리거나 생크림을 곁들여도 좋아요.
파운드케이크 한 조각으로 풍부한 버터와 바닐라 향을 느껴보세요.

재료

1개 분량

파운드케이크 반죽	무염버터 100g, 백설탕 90g, 소금 1g, 전란 85g, 노른자 15g, 박력분 95g, 아몬드가루 20g, 베이킹파우더 4g
바닐라 가나슈	생크림 30g, 화이트 커버춰 초콜릿 30g, 바닐라빈 1개
바르기용 시럽	물 100g, 백설탕 35g
틀 코팅	무염버터 1스푼, 강력분 1스푼

도구

지름 18cm 믹싱볼, 실리콘 주걱, 체망, 핸드믹서, 붓, 짤주머니, 철판, 식힘망, 구겔호프 틀 또는 오란다 틀(대)

준비 작업

- 무염버터는 깍둑썰기 해 준비하세요.
- 모든 재료는 실온 상태로 준비하세요.
- 전란과 노른자는 함께 섞어 두세요.
- 박력분, 아몬드가루, 베이킹파우더는 함께 섞어 두세요.
- 바르기용 시럽은 따뜻한 물에 백설탕을 완전히 녹여서 사용하세요.

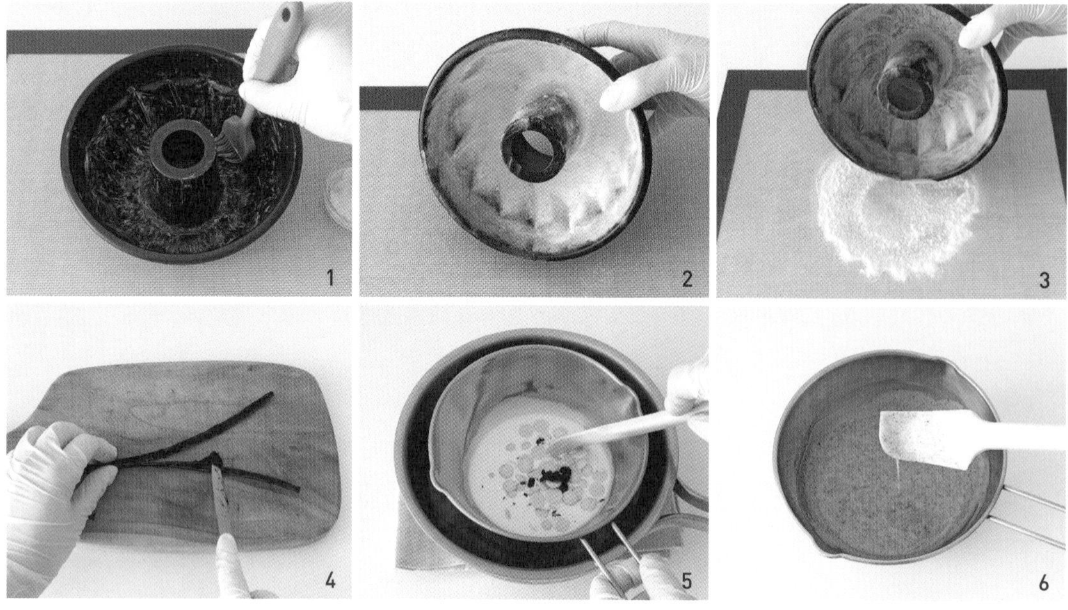

Recipe

바닐라 가나슈&
파운드케이크 반죽&
마무리

1 틀 안쪽에 붓으로 부드러운 틀 코팅용 버터를 얇게 펴 바른다.

2 강력분을 한 스푼 넣고 틀을 움직이면서 얇게 코팅한다.

3 틀을 뒤집어서 탕탕 내리친다. 이때 잔여 밀가루를 최대한 털어낸다.

Joy's Tip 틀 준비가 끝나면 오븐을 180℃로 15분 이상 예열하세요.

4 바닐라빈을 반으로 갈라 칼등으로 씨를 긁어낸다.

5 중탕볼에 생크림, 화이트 커버춰 초콜릿, 바닐라빈을 넣고 실리콘 주걱으로 저어가며 완전히 녹인다.

Joy's Tip 가나슈가 분리되지 않도록 50℃를 넘기지 마세요.

6 사용 전까지 실온에 두어 미지근하게 식힌다.

7 믹싱볼에 무염버터를 넣고 핸드믹서 중속으로 1분간 휘핑한다.

8 백설탕과 소금을 넣고 설탕이 어느 정도 녹으면서 뽀얗게 변할 때까지 중속으로 휘핑한다.

9 전란과 노른자 혼합물 1/5을 넣고 중속으로 1분간 휘핑한다.

10 가루 재료 1/3을 체 쳐 넣고 가루가 보이지 않을 때까지 저속으로 섞는다.

Joy's Tip 가루 재료를 미리 섞어 두면 분리되는 것을 예방할 수 있습니다.

11 나머지 달걀을 4회에 걸쳐 나눠 넣으며 중저속으로 휘핑한다.

Joy's Tip 이전에 넣은 달걀이 흡수된 후 다음 달걀을 넣어야 분리가 줄어듭니다. 달걀이 실온 상태일수록 유화가 잘됩니다.

12 나머지 가루 재료를 전부 체 쳐 넣고 실리콘 주걱으로 가볍게 혼합한다. 가루가 군데군데 보이는 상태까지 섞는다.

13 6의 가나슈(28~30℃)를 전부 넣는다.

Joy's Tip 가나슈 온도가 30℃보다 높으면 버터가 녹으므로 온도를 잘 지켜주세요.

14 실리콘 주걱으로 부드럽게 저어서 골고루 섞는다.

15 반죽을 틀에 전부 넣는다.

Joy's Tip 짤주머니를 이용하면 깔끔하게 팬닝할 수 있습니다.

16 틀을 작업대에 여러 번 내리쳐 윗면을 편평하게 정돈한다.

17 예열한 오븐에 넣어 170℃에서 25분 전후로 굽는다. 오븐에서 꺼내자마자 작업대에 1회 내리쳐 쇼크를 준다.

Joy's Tip 꼬지(케이크 테스터)로 테스트했을 때 반죽이 묻어나오지 않거나 부스러기가 약간 묻으면 꺼내 주세요. 오븐에 따라 굽는 시간은 달라질 수 있습니다. 쇼크를 주는 작업은 케이크 속 수증기를 제거하는 과정이에요. 이 과정을 생략하면 케이크가 수축할 수 있어요.

18 식힘망 위에 틀을 뒤집어 케이크를 분리한다.

19 케이크에 온기가 남아있을 때 준비한 바르기용 시럽을 표면에 골고루 발라 식힌 후 마무리한다.

Joy's Tip 완전히 식힌 후 밀착 랩핑해서 하루 정도 숙성한 후 먹으면 풍미가 더욱 진해져요. 냉장 보관하면 단단하고 푸석해지므로 실온에 두고 먹는 것이 좋습니다.

섭취 및 보관 실온 3~4일, 냉동 3주

오렌지 업사이드 다운 케이크

달콤하고 쫀득한 오렌지가 가득한 파운드케이크예요.
틀을 뒤집어서 완성하기 때문에 업사이드 다운(Upside-Down)이라는 이름이 붙었어요. 허브와 넛맥가루를 넣어 향긋함과 깊은 맛을 더했으며 따뜻한 차와 함께하면 더욱 맛있답니다.

재료

1개 분량

파운드케이크 반죽	무염버터 130g, 전란 120g, 노른자 20g, 중력분 150g, 넛맥가루 0.5g, 베이킹파우더 5g, 백설탕 135g, 소금 1.5g, 오렌지 제스트 1스푼(1개 분량), 화이트 럼(또는 코인트로) 5g, 레몬즙 15g, 오렌지 4~5개, 허브 1줄기(로즈마리, 타임, 바질 등)
틀 코팅	무염버터 1스푼, 백설탕 반 컵

도구

지름 18cm 믹싱볼, 실리콘 주걱, 체망, 핸드믹서, 붓, 그라인더, 짤주머니, 철판, 식힘망, 높은 2호 원형 틀(지름 18cm×높이 7cm)

준비 작업

- 모든 재료는 실온 상태로 준비하세요.
- 전란과 노른자는 함께 섞어 두세요.
- 가루 재료(중력분, 넛맥가루, 베이킹파우더)는 함께 섞어 두세요.
- 오렌지는 29쪽의 레몬 전처리 방법을 참고해 준비하세요.

Recipe

파운드케이크 반죽 &마무리

1 전처리한 오렌지 하나를 주황색 부분만 그라인더로 갈아 오렌지 제스트를 만든다. 허브는 잎부분만 분리해 가볍게 다진다.

Joy's Tip 허브는 원하는 양만큼 취향껏 넣어 주세요.

2 오렌지 제스트, 백설탕, 소금, 허브를 섞어 둔다.

Joy's Tip 하루 전에 미리 섞어 두면 더욱 진한 오렌지 향을 느낄 수 있습니다.

3 틀 안쪽에 붓으로 부드러운 틀 코팅용 버터를 얇게 펴 바른다.

4 틀 바닥에 백설탕을 고르게 뿌려서 한 겹 깔아 둔다.

5 2mm 두께로 얇게 자른 오렌지를 중앙에서 바깥쪽으로 배열한다.

6 사용 전까지 잠시 한쪽에 둔다.

Joy's Tip 가장자리까지 빈틈이 없도록 자른 오렌지를 놓아주세요. 이 작업이 끝나면 오븐을 180℃로 예열하세요.

7 믹싱볼에 무염버터를 넣고 핸드믹서 중속으로 1분간 휘핑한다.

8 2의 재료를 전부 넣고 설탕이 어느 정도 녹으면서 뽀얗게 변할 때까지 중속으로 휘핑한다.

9 전란과 노른자 혼합물 1/5을 넣고 중저속으로 휘핑해 섞는다.

10 가루 재료 1/3을 체 쳐 넣고 가루가 보이지 않을 때까지 저속으로 섞는다.

Joy's Tip 가루 재료를 미리 섞어 두면 분리되는 것을 예방할 수 있습니다.

11 나머지 달걀을 4회에 걸쳐 나눠 넣으며 중저속으로 휘핑한다.

Joy's Tip 이전에 넣은 달걀이 흡수된 후 다음 달걀을 넣어야 분리가 줄어듭니다. 달걀이 실온 상태일수록 유화가 잘됩니다.

12 나머지 가루 재료를 전부 체 쳐 넣고 실리콘 주걱으로 가볍게 혼합한다. 가루가 군데군데 보이는 상태까지 섞는다.

13 화이트 럼과 레몬즙을 넣는다.

14 가루가 보이지 않을 때까지 실리콘 주걱으로 골고루 섞은 후 짤주머니에 담는다.

15 틀 안에 반죽을 전부 짜 넣고 윗면을 편평하게 정돈한다.

16 예열한 오븐에 넣어 170℃에서 35분간 굽다가 160℃로 낮춰 10분 전후로 더 굽는다.

Joy's Tip 꼬지(케이크 테스터)로 테스트했을 때 반죽이 묻어나오지 않거나 부스러기가 약간 묻으면 꺼내 주세요. 오븐에 따라 굽는 시간은 달라질 수 있습니다.

17 식힘망 위에 틀을 뒤집어 케이크를 분리한 후 완전히 식혀 섭취한다.

섭취 및 보관 실온 3~4일, 냉동 3주

옥수수 크럼블 파운드케이크

쫀득한 옥수수가 톡톡 씹히는 구수한 향의 파운드케이크예요.
바삭한 크럼블을 듬뿍 토핑해서 식감의 재미를 더했답니다.

재료

1개 분량

파운드케이크 반죽	무염버터 100g, 황설탕 90g, 소금 1g, 전란 90g, 노른자 15g, 박력분 90g, 옥수수가루 20g, 베이킹파우더 4g, 캔 옥수수 120g
크럼블	무염버터 50g, 전란 15g, 소금 1g, 박력분 50g, 아몬드가루 35g, 분당 35g
바르기용 시럽	물 100g, 백설탕 35g
틀 코팅	무염버터 1스푼, 강력분 1스푼

도구

지름 18cm 믹싱볼, 실리콘 주걱, 체망, 핸드믹서, 붓, 실리콘 매트(또는 테프론시트), 철판, 식힘망, 오란다 틀(대)

준비 작업

- 무염버터는 깍둑썰기 해 준비하세요.
- 모든 재료는 실온 상태로 준비하세요.
- 전란과 노른자는 함께 섞어 두세요.
- 박력분, 옥수수가루, 베이킹파우더는 함께 섞어 두세요.
- 캔 옥수수는 물기를 꼭 짜서 준비하세요.
- 바르기용 시럽은 따뜻한 물에 백설탕을 완전히 녹여서 사용하세요.

Recipe

크럼블

1 믹싱볼에 무염버터를 넣고 뽀얗게 변할 때까지 핸드믹서 중속으로 휘핑한다.

2 전란과 소금을 넣는다.

3 전란이 어우러질 때까지 중속으로 휘핑한다.

4 모든 가루 재료를 체 쳐 넣는다.

5 가루가 약간 보이는 정도까지 실리콘 주걱으로 가르듯이 섞는다.

6 양 손으로 비벼서 소보로 크기가 되도록 섞는다.

Joy's Tip 사용 전까지 랩핑해서 냉장 보관하세요. 냉장 시 최대 7일간 보관 가능합니다.

파운드케이크 반죽 &마무리

1 캔 옥수수를 실리콘 매트에 흩뿌려 놓고 150℃로 예열한 오븐에 넣어 10분 전후로 굽는다. 사용 전까지 잠시 식힌다.

Joy's Tip 수분이 어느 정도 날아가고 쫀득한 식감이면 좋습니다. 옥수수를 오래 구우면 딱딱해지므로 오븐에 따라 굽는 시간을 조절해 주세요.

2 믹싱볼에 무염버터를 넣고 핸드믹서 중속으로 1분간 휘핑한다.

3 황설탕과 소금을 넣고 설탕이 어느 정도 녹으면서 뽀얗게 변할 때까지 중속으로 휘핑한다.

4 전란과 노른자 혼합물 1/5을 넣고 중속으로 1분간 휘핑한다.

5 가루 재료 1/3을 체 쳐 넣고 가루가 보이지 않을 때까지 저속으로 섞는다.

Joy's Tip 가루 재료를 미리 섞어 두면 분리되는 것을 예방할 수 있습니다.

6 나머지 달걀을 4회에 걸쳐 나눠 넣으며 중저속으로 휘핑한다.

Joy's Tip 이전에 넣은 달걀이 흡수된 후 다음 달걀을 넣어야 분리가 줄어듭니다. 달걀이 실온 상태일수록 유화가 잘됩니다.

7 나머지 가루 재료를 전부 체 쳐 넣고 실리콘 주걱으로 가볍게 혼합한다.

8 가루가 군데군데 보이는 상태까지 섞이면 1의 구운 옥수수를 모두 넣는다.

9 실리콘 주걱으로 부드럽게 저어서 골고루 섞는다.

10 틀 안에 반죽을 전부 넣고 작업대에 5회 내리쳐 쇼크를 준다.

Joy's Tip 틀 안쪽에 버터와 밀가루로 코팅하거나 유산지를 깔아야 깔끔하게 분리됩니다. 틀 코팅은 154쪽을 참고하세요.

11 크럼블을 윗면에 골고루 흩뿌린 후 손으로 살짝 눌러서 밀착시킨다.

12 예열한 오븐에 넣어 170℃에서 40분 전후로 굽는다.

Joy's Tip 꼬지(케이크 테스터)로 테스트했을 때 반죽이 묻어나오지 않거나 부스러기가 약간 묻으면 꺼내 주세요. 오븐에 따라 굽는 시간은 달라질 수 있습니다.

7 8 9 10 11 12

13 오븐에서 꺼내자마자 작업대에 1회 내리쳐 쇼크를 준다.

Joy's Tip 케이크 속 수증기를 제거하는 과정이에요. 이 과정을 생략하면 케이크가 수축할 수 있어요.

14 틀을 옆으로 눕혀 케이크를 분리한다.

15 케이크가 뜨거울 때 옆면에 바르기용 시럽을 골고루 펴 바른 후 완전히 식혀 마무리한다.

Joy's Tip 케이크를 식힐 때는 반드시 세워서 식혀주세요.

섭취 및 보관 실온 3~4일, 냉동 3주

레밍턴 케이크

레밍턴 케이크는 호주에서 유래한 케이크예요. 폭신하고 촉촉한 버터 스펀지 케이크 사이에 상큼한 딸기 잼을 바르고, 달콤한 초콜릿소스를 묻혀 마무리해요. 당 충전이 필요한 오후 더할 나위 없이 좋은 간식이랍니다.

재료

16개 분량

레밍턴 케이크 반죽	전란 105g, 바닐라익스트랙 1.5g, 백설탕 95g, 물엿 10g, 소금 한 꼬집, 박력분 105g, 베이킹파우더 1g, 무염버터 84g, 우유 21g
초코 글레이즈	분당 120g, 코코아파우더 15g, 우유 70g
토핑	딸기 잼(또는 라즈베리 잼) 70g, 코코넛가루 2컵

도구

지름 18cm 믹싱볼, 핸드믹서, 거품기, 실리콘 주걱, 체망, 포크 2개, 종이포일, 정사각형 틀(길이 16.5cm×높이 5cm)

준비 작업

- 틀 안쪽에 종이포일(또는 유산지)을 재단해 깔아 주세요.
- 오븐을 180℃로 15분 이상 예열하세요.

맛 변형 Tip

- 초코 글레이즈를 다른 맛으로 바꾸려면 코코아파우더를 다른 가루 재료로 대체하세요(말차가루, 딸기가루, 쑥가루, 홍차가루 등).
- 코코넛가루 대신 쿠키 분태나 견과류를 활용하면 이색적인 맛을 즐길 수 있어요.

Recipe

레밍턴 케이크 반죽 & 마무리

1 무염버터와 우유를 전자레인지나 냄비를 활용해 녹을 때까지 데워 준다.

2 믹싱볼에 전란과 바닐라익스트랙을 넣고 거품기로 부드럽게 풀어 준다.

3 백설탕, 물엿, 소금을 넣고 거품기로 골고루 섞는다.

4 45℃ 전후까지 중탕해서 데운다.

5 핸드믹서 중속으로 3배 이상 부풀 때까지 뽀얗게 휘핑한다.

6 리본 모양을 그렸을 때 3초 이상 유지되는지 확인한다.

7 박력분과 베이킹파우더를 섞어 절반을 체 쳐 넣는다.

8 실리콘 주걱으로 J자를 그리면서 가루가 80%가량 섞일 때까지 혼합한다.

9 남은 가루 재료를 체 쳐 넣는다.

10 다시 실리콘 주걱으로 가루가 80%가량 섞일 때까지 혼합한다.

11 따뜻하게 데운(40~50℃) 1의 무염버터와 우유를 넣는다.

Joy's Tip 따뜻한 상태여야 골고루 섞이니 온도를 반드시 확인하세요.

12 실리콘 주걱으로 J자를 그리면서 버터가 보이지 않을 때까지 골고루 혼합한다.

Joy's Tip 오래 혼합하면 떡진 식감이 되므로 버터가 눈에 보이지 않으면 마무리하세요.

13 틀에 반죽을 전부 붓고 젓가락으로 원을 그리며 윗면을 편평하게 정돈한다.

14 작업대에 10회 내리쳐 쇼크를 준 후 예열한 오븐에 넣어 170℃에서 23분 전후로 굽는다.

Joy's Tip 꼬지(케이크 테스터)로 테스트를 했을 때 반죽이 묻어나오지 않아야 합니다.

15 오븐에서 꺼내자마자 작업대에 1회 내리쳐 쇼크를 준다.

Joy's Tip 미처 빠져나가지 못한 수증기를 제거하는 과정이에요. 이 과정을 생략하면 옆면이 쭈글쭈글한 모양으로 식을 수 있어요.

16 식힘망 위에서 뒤집어 틀을 제거한 후 그대로 완전히 식힌다.

Joy's Tip 완성한 시트는 완전히 식은 후 랩핑하여 실온에서 하루 정도 숙성하면 더욱 풍미가 좋아집니다.

17 시트를 반으로 자른다.

18 한쪽 면에 딸기 잼을 골고루 펴 바른다.

19 시트를 겹친 후 4×4로 재단한다. 15분간 냉동실에 넣어 굳힌다.

Joy's Tip 케이크 칼을 이용해 위 아래 방향으로 잘라야 예쁜 모양으로 자를 수 있습니다. 누르듯이 자르지 않도록 합니다.

20 믹싱볼에 초코 글레이즈 재료를 모두 넣고 골고루 섞는다.

Joy's Tip 코코아파우더를 다른 가루 재료로 대체해서 다양한 맛으로 응용해 보세요.

21 포크를 이용해 케이크 겉면에 초코 글레이즈를 묻힌 후 식힘망으로 옮긴다.

22 코코넛가루를 표면에 골고루 묻혀 마무리한다.

Joy's Tip 쿠키 분태나 다진 견과류를 활용해도 좋아요. 마무리로 생크림과 과일 등을 올려 자유롭게 장식해 보세요.

섭취 및 보관 실온 2~3일, 냉장 7일, 냉동 30일

Tarte

파트 슈크레(타르트지)

블루베리 크림치즈 타르트

바닐라 딸기 타르트

아몬드 초코 가나슈 타르트

캐러멜 넛츠 타르트

캐러멜 플랑 타르트

타르트 파트에서는 파트 슈크레 반죽을 활용하여 타공 링으로 타르트지를 직접 만들어요. 가나슈 몽테 크림, 디플로마트 크림, 캐러멜소스 등 제과에서 중요한 테크닉도 많이 담았습니다. 이번 파트에 소개한 타르트 관련 레시피를 모두 만들어 본다면 앞으로 어떤 레시피를 만나더라도 자신감이 붙을 거예요.

파트 슈크레(타르트지)

타르트의 기본이 되는 타르트지에 대한 레시피예요.
프랑스어로 파트 슈크레(Pâte Sucrée)는 '반죽(Pâte)'과 '달콤한(Sucrée)'이라는
뜻이 담긴 만큼 타르트지만 먹으면 약간의 달콤함이 느껴지는 편이에요.
이 레시피를 통해 파트 슈크레 만드는 법을 제대로 익혀 보세요.

재료

5개 분량

파트 슈크레 반죽	박력분 136g, 아몬드가루 20g, 분당 50g, 소금 1.5g, 무염버터 54g, 노른자 45g
달걀물	전란 20g, 우유 20g

도구

믹싱볼, 실리콘 주걱, 체망, 푸드프로세서, 타공 매트, 붓, 그라인더, 종이포일(또는 테프론시트), 밀대, 3mm 각봉, 철판, 타공 링(지름 7cm×높이 2cm)

준비 작업

- 파트 슈크레 재료는 모두 차갑게 준비하세요.
- 무염버터는 깍둑썰기 해 준비하세요.
- 달걀물 재료는 섞어서 준비하세요.

맛 변형 Tip

- 초코 맛으로 만들 때는 박력분을 120g으로 줄이고 코코아파우더를 16g 추가하여 계량하세요.

Recipe

파트 슈크레 반죽

1 믹싱볼에 박력분, 아몬드가루, 분당, 소금을 체 쳐 넣는다.

Joy's Tip 초코 맛으로 만들 땐 코코아파우더도 함께 체 쳐 주세요.

2 깍둑썰기 해 준비한 무염버터를 넣는다.

3 푸드프로세서로 짧게 끊어가며 돌려 버터가 좁쌀 크기가 될 때까지 잘게 다진다.

4 3에 노른자를 넣고 푸드프로세서를 짧게 끊어가며 돌려 큼직한 덩어리가 생길 때까지 반죽한다.

5 반죽을 작업대에 올려 한 덩어리로 뭉친다.

6 손바닥 끝을 반죽에 대고 앞을 향해 쭉쭉 누르면서 전체적으로 프라제(Fraiser) 작업한다.

Joy's Tip 이 과정을 생략하면 반죽이 균일하게 섞이지 않아요. 육안으로 봤을 때 표면이 매끈하고 광택이 돌면서 색깔이 균일해지면 마무리합니다. 반죽을 오래 치대면 오븐에서 과하게 수축할 수 있으니 주의하세요.

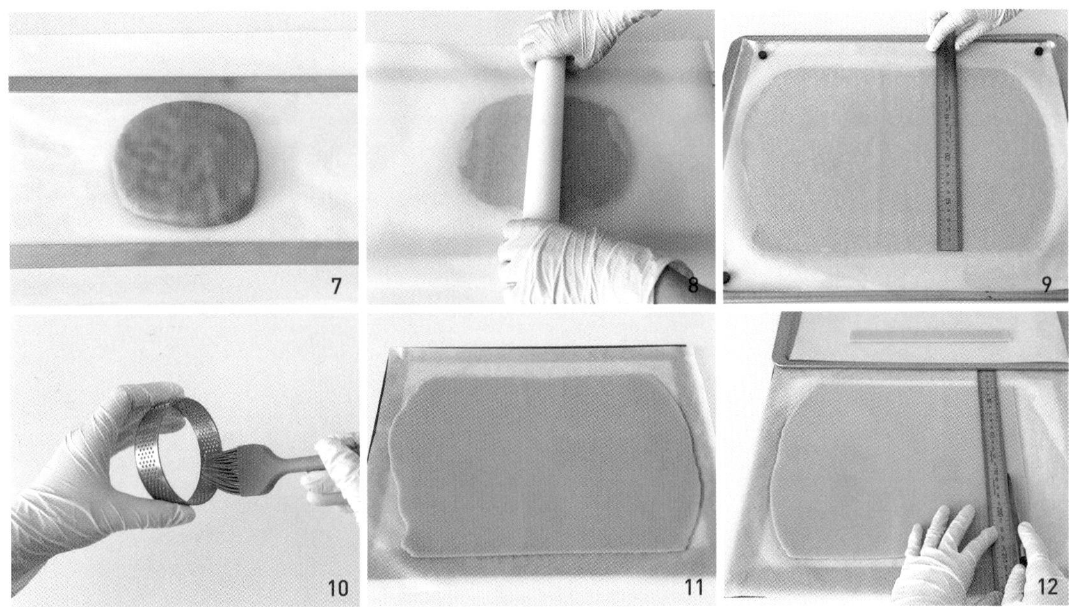

7 반죽 아래에 종이포일(또는 테프론시트)을 깔고 양옆에 3mm 각봉을 놓는다.

8 7에 종이포일을 덮은 후 밀대로 넓적하게 밀어 편다. 이때 한쪽 길이가 22cm가 되도록 한다.

Joy's Tip 3mm 각봉을 반죽 양옆에 두면 일정한 두께로 밀어 펼 수 있어요. 최대한 사각형 모양을 유지하며 밀어 주세요.

9 철판에 옮겨 단단해질 때까지 1시간 정도 냉장 휴지한다.

Joy's Tip 냉동실에 넣으면 더 빠르게 작업할 수 있습니다.

10 타공 링 안쪽에 붓으로 무염버터(분량 외)를 얇게 바른 후 잠시 실온에 둔다.

11 9의 반죽 위아래의 종이포일을 떼어 낸다.

12 반죽을 가로 2cm×세로 22cm 크기로 5개 자른다. 철판에 옮겨 사용 전까지 냉장 보관한다.

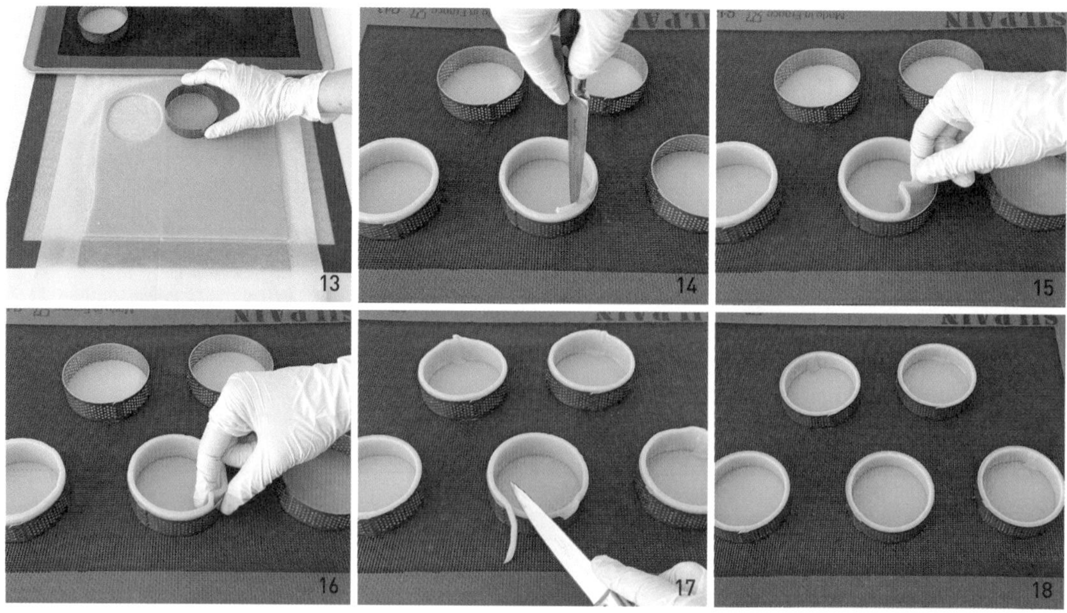

13 나머지 반죽을 타공 링으로 찍어서 타공 매트 위로 옮긴다.

Joy's Tip 타공 링 사이에 간격을 두어 팬닝하세요.

14 12의 길쭉한 반죽을 타공 링 안에 넣어서 1cm 정도 맞물리도록 두르고 남는 반죽은 제거한다.

15 하트 모양이 되도록 양쪽 끝을 맞댄다.

16 그대로 타공 링 쪽으로 밀어서 완전히 밀착시킨다.

Joy's Tip 타르트 반죽은 잘 휘어지긴 하지만 전체적으로 차갑고 단단한 상태여야 해요. 냉기가 빠졌다면 다시 냉장고에 넣어 굳힌 후 사용하세요.

17 타공 링 밖으로 튀어나온 반죽은 칼로 비스듬히 잘라 제거한다.

18 손가락으로 반죽의 링 쪽을 살살 눌러서 전체적으로 밀착시킨 후 냉장고에 넣어 15분간 휴지한다.

Joy's Tip 휴지하는 동안 오븐을 170℃로 예열하세요.

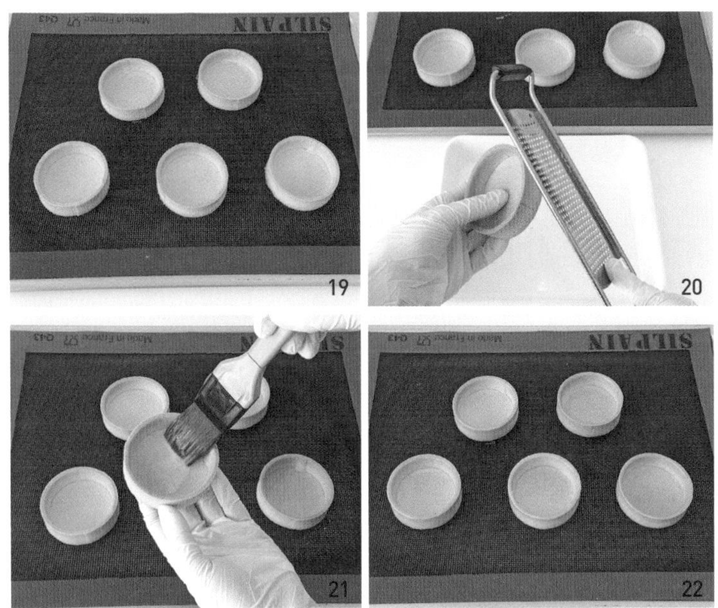

19 예열한 오븐에 넣어 160℃에서 16분 전후로 굽는다. 타공 링을 제거한 후 완전히 식힌다.

Joy's Tip 전체적으로 황금 갈색이 되면 오븐에서 꺼내 주세요.

20 옆면을 그라인더로 가볍게 갈아 표면을 매끈하게 만든다.

Joy's Tip 타공 링 특유의 울퉁불퉁한 표면을 선호한다면 생략해도 됩니다.

21 20의 옆면과 안쪽에 달걀물을 바른다.

Joy's Tip 달걀물이 뭉쳐서 흐르지 않도록 전체적으로 균일하게 발라 주세요.

22 150℃에서 3분 전후로 구워 달걀물이 전체적으로 마르면 꺼내 마무리한다.

섭취 및 보관 실온 2일, 냉동 3주

HAPPY
18 Sherrilyn Kenyon and Dianna Love
anchors Eliot had placed on the way up to now climb below the inclined face of the wall, which would protect them both from enemy fire.
Eliot started dropping fast.
Lights in the compound blazed high above him, but still no sounds filtered down. And no one looked over the edge.
A red laser light
on the SLCD
bullet sang
snapping the
Hunter
sudden
If
stop the
Rope
against
Bone
Bile ran
The rope
Hunter gritted
He gasped for air.
Another bullet ripped
the silence.
The rope wrenched and Eliot howled in agony. "I'm hit."
Hunter's blood turned into ice.
He twisted to look down.
Eliot's life depended on Hunter keeping his head and holding tight to this anchor. Even shot, Eliot was stronger than most men in their best condition.
Hunter would get him off this rock.

블루베리 크림치즈 타르트

바삭하고 고소한 아몬드 블루베리 타르트지에
상큼한 블루베리 크림치즈를 올려 완성했어요.
냉동 블루베리로 계절에 구애받지 않고 즐길 수 있답니다.

재료

5개 분량

파트 슈크레 반죽	박력분 136g, 아몬드가루 20g, 분당 50g, 소금 1.5g, 무염버터 54g, 노른자 45g
크렘 다망드	무염버터 35g, 백설탕 35g, 소금 0.5g, 전란 35g, 바닐라익스트랙 1g, 아몬드가루 40g, 블루베리 20~25개
블루베리 크림치즈	블루베리 70g, 백설탕 38g, 레몬즙 5g, 크림치즈 150g, 샹티 크림 80g
샹티 크림	생크림 70g, 백설탕 10g
바르기용 시럽	물 100g, 백설탕 35g
토핑	블루베리 약간, 데코스노우 적당량

도구

냄비, 지름 18cm 믹싱볼, 거품기, 실리콘 주걱, 체망, 핸드믹서, 짤주머니, 타공 링(지름 7cm×높이 2cm), 상투 깍지

준비 작업

- 190쪽을 참고해 파트 슈크레 반죽을 18번 과정까지 진행한 후 사용 전까지 냉장 보관하세요.
- 크렘 다망드 재료는 모두 실온 상태로 준비하세요.
- 전란과 바닐라익스트랙은 함께 섞어 두세요.
- 냉동 블루베리 사용 시 완전히 해동한 후 사용하세요.
- 샹티 크림 재료는 전부 차갑게 준비하세요.
- 바르기용 시럽은 따뜻한 물에 백설탕을 완전히 녹여서 사용하세요.

Recipe

블루베리 크림치즈 &샹티 크림

1 냄비에 블루베리와 백설탕을 넣고 버무린다.

2 실리콘 주걱으로 과육을 으깨면서 중약불로 끓인다.

Joy's Tip 수분이 거의 사라지고 걸쭉한 질감이 되면 마무리하세요.

3 불을 끄고 레몬즙을 넣은 후 실리콘 주걱으로 골고루 섞는다.

4 사용 전까지 잠시 식힌다.

Joy's Tip 블루베리 잼은 실온 상태(22~24℃)로 사용하세요.

5 믹싱볼에 실온 상태의 크림치즈를 넣고 덩어리가 풀어질 때까지 핸드믹서 중속으로 골고루 휘핑한다.

6 4를 전부 넣고 핸드믹서 중속으로 골고루 휘핑한다.

7 다른 믹싱볼에 샹티 크림 재료를 넣고 부드러운 뿔이 생길 때까지 휘핑한 후 6에 넣는다.

8 실리콘 주걱으로 부드럽게 혼합하고 사용 전까지 밀착 랩핑해 실온에 둔다.

Joy's Tip 블루베리 크림치즈는 사용 직전에 만들어서 바로 사용하는 것이 좋아요.

파트 슈크레 반죽 & 마무리

1 미리 준비한 타르트지를 예열한 오븐에 넣어 160℃에 10분간 구운 후 사용 전까지 잠시 식힌다.

Joy's Tip 타르트지를 구운 후에는 오븐을 180℃로 예열하세요.

2 크렘 다망드 재료 중 무염버터를 믹싱볼에 넣고 핸드믹서 중속으로 가볍게 풀어준다.

3 백설탕과 소금을 넣고 뽀얗게 변할 때까지 중속으로 휘핑한다.

4 바닐라익스트랙과 섞어 준비한 전란을 3~4회에 걸쳐 나눠 넣으며 중속으로 골고루 혼합한다.

Joy's Tip 분리되지 않도록 이전에 넣은 전란이 완전히 흡수되면 다음 전란을 넣으세요.

5 아몬드가루를 체 쳐 넣는다.

6 실리콘 주걱으로 골고루 혼합해 짤주머니에 담아 둔다.

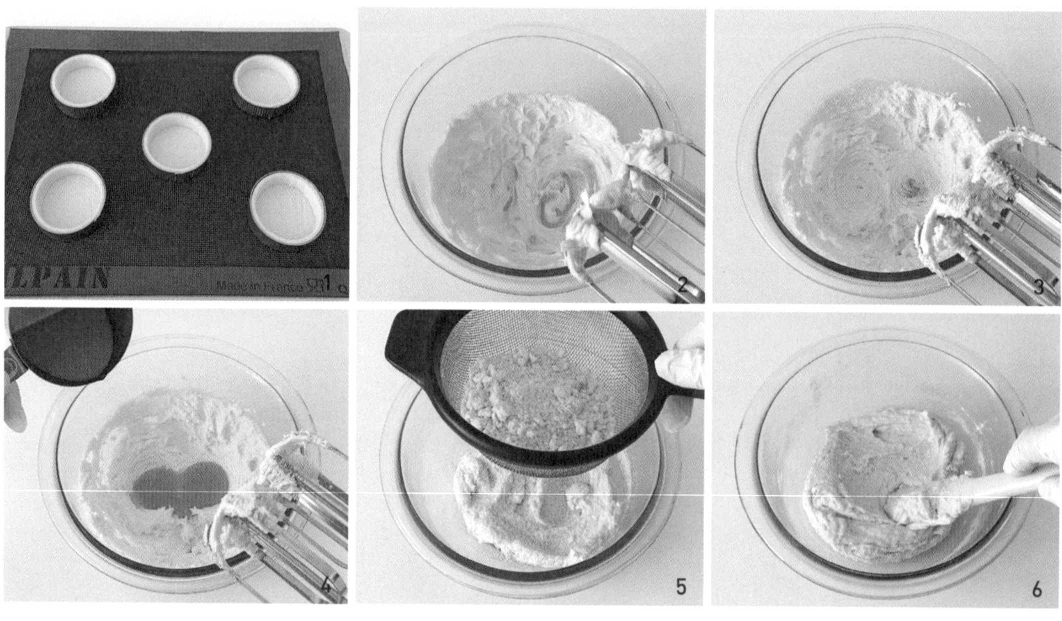

7 1의 타르트지 안쪽에 6의 크렘 다망드를 절반만 채워 넣는다.

8 블루베리를 4~5개씩 올린 후 살짝 누른다.

9 예열한 오븐에 넣어 170℃에서 15분 전후로 굽는다. 타공 링을 제거한 후 완전히 식힌다.

Joy's Tip 표면이 전체적으로 노릇한 갈색이 되면 오븐에서 꺼내 주세요.

10 윗면에 붓으로 바르기용 시럽을 얇게 펴 바른다.

11 블루베리 크림치즈를 짜 올린다.

Joy's Tip 상투 깍지 또는 원형, 별 깍지 등 좋아하는 깍지를 자유롭게 활용하세요.

12 중앙에 블루베리를 올린 후 데코스노우를 뿌려 마무리한다.

섭취 및 보관 냉장 2~3일

바닐라 딸기 타르트

바삭한 타르트지에 고소한 바닐라 아몬드 크림을 채워 넣고,
달콤한 바닐라 디플로마트 크림과 생딸기를 곁들인 딸기 타르트예요.
화려한 외관만큼 모든 구성 요소에 중요한 제과 테크닉이 담겨 있답니다.

재료

5개 분량

파트 슈크레 반죽	박력분 136g, 아몬드가루 20g, 분당 50g, 소금 1.5g, 무염버터 54g, 노른자 45g
크렘 디플로마트	노른자 20g, 백설탕 26g, 바닐라빈 1/2개, 옥수수 전분 10g, 우유 100g, 판젤라틴 0.5g, 생크림 55g, 연유 5g
크렘 다망드	무염버터 50g, 백설탕 50g, 소금 1g, 바닐라빈 1/2개, 전란 50g, 바닐라익스트랙 1g, 아몬드가루 50g
토핑	산딸기 잼 50g, 딸기 한 팩, 생크림 50g, 백설탕 3g

도구

지름 18cm 믹싱볼, 냄비, 비커, 거품기, 실리콘 주걱, 체망, 핸드믹서, 스패출러, 짤주머니, 식힘망, 타공 링(지름 7cm×높이 2cm), 상투 깍지

준비 작업

- 190쪽을 참고하여 파트 슈크레 반죽을 18번 과정까지 진행한 후 사용 전까지 냉장 보관하세요.
- 크렘 다망드 재료는 전부 실온 상태로 준비하세요.
- 전란과 바닐라익스트랙은 함께 섞어 두세요.
- 크렘 디플로마트 재료는 전부 실온 상태로 준비하세요.

Recipe

크렘 디플로마트

1 얼음물에 판젤라틴을 넣어 10분간 불린다. 사용 전에 물기를 꼭 짜서 준비한다.

2 믹싱볼에 노른자, 백설탕, 바닐라빈을 넣고 거품기로 골고루 섞는다.

3 옥수수 전분을 넣고 거품기로 골고루 섞는다.

4 가장자리가 끓을 정도로 따뜻하게 데운 우유를 전부 붓고 골고루 섞는다.

5 4를 다시 냄비에 부어 중간 불로 쉬지 않고 저으면서 끓인다.

6 표면이 매끄러워지면서 큰 기포가 터지기 시작하면 불을 끈다.

7 1의 불린 판젤라틴을 넣고 골고루 섞는다.

8 고운 체에 거른다.

9 밀착 랩핑해서 완전히 식을 때까지 잠시 냉장 보관한다.

10 믹싱볼에 차가운 생크림과 연유를 넣고 부드러운 뿔이 생길 때까지 핸드믹서 중고속으로 휘핑한다.

Joy's Tip 사용 전까지 랩핑해서 냉장 보관하세요.

11 차갑게 식은 9를 부드러운 질감이 될 때까지 중속으로 휘핑한다.

Joy's Tip 이때 최대한 덩어리를 풀어주어야 식감이 부드럽습니다. 고속으로 오래 휘핑하면 묽어질 수 있으므로 주의하세요.

12 10의 휘핑한 생크림을 전부 넣는다.

13 핸드믹서 저속으로 어우러질 때까지만 짧게 혼합한다.

Joy's Tip 크림이 묽게 되면 다루기 어려우므로 오래 휘핑하지 마세요.

14 실리콘 주걱으로 볼 주변과 바닥까지 골고루 섞어 마무리한다.

Joy's Tip 크렘 디플로마트는 사용 직전에 만들어서 바로 사용하는 것이 좋아요.

크렘 디망드 & 파트 슈크레 반죽 & 마무리

1 미리 준비한 타르트지를 예열한 오븐에 넣어 160℃에 10분간 구운 후 사용 전까지 한 김 식힌다.

Joy's Tip 타르트지를 구운 후 오븐을 180℃로 예열하세요.

2 크렘 다망드 재료 중 무염버터를 믹싱볼에 넣고 핸드믹서 중속으로 가볍게 풀어준다.

3 백설탕, 소금, 바닐라빈을 넣고 뽀얗게 될 때까지 중속으로 휘핑한다.

Joy's Tip 바닐라빈은 바닐라 줄기를 반으로 갈라서 칼등으로 씨앗만 분리해 넣어 주세요.

4 바닐라익스트랙과 섞어 준비한 전란을 3~4회에 걸쳐 나눠 넣으며 중속으로 골고루 혼합한다.

Joy's Tip 분리되지 않도록 이전에 넣은 전란이 완전히 흡수되면 다음 전란을 넣으세요.

5 아몬드가루를 체 쳐 넣는다.

6 실리콘 주걱으로 골고루 혼합한다.

7 짤주머니에 담아 준비한 크렘 다망드를 타르트지 안쪽에 90% 정도 채워 넣는다.

8 스패출러로 윗면을 편평하게 정돈한다.

9 예열한 오븐에 넣어 170℃에서 17분 전후로 굽는다.

Joy's Tip 표면이 전체적으로 노릇한 갈색이 되면 꺼내 주세요.

10 타공 링을 제거한 후 식힘망에 올려 완전히 식힌다.

Joy's Tip 이 과정이 끝나면 곧바로 크렘 디플로마트를 만드세요.

11 깨끗하게 세척한 딸기는 꼭지를 떼고 8등분으로 잘라 사용 전까지 물기를 최대한 제거한다.

Joy's Tip 딸기 크기는 균일한 것이 좋으며, 사이즈가 큰 경우 더 작게 잘라 준비하세요.

12 10의 크렘 다망드를 틀 높이에 맞춰 칼로 자른 후 타르트 중앙에 산딸기 잼을 짜 올린다.

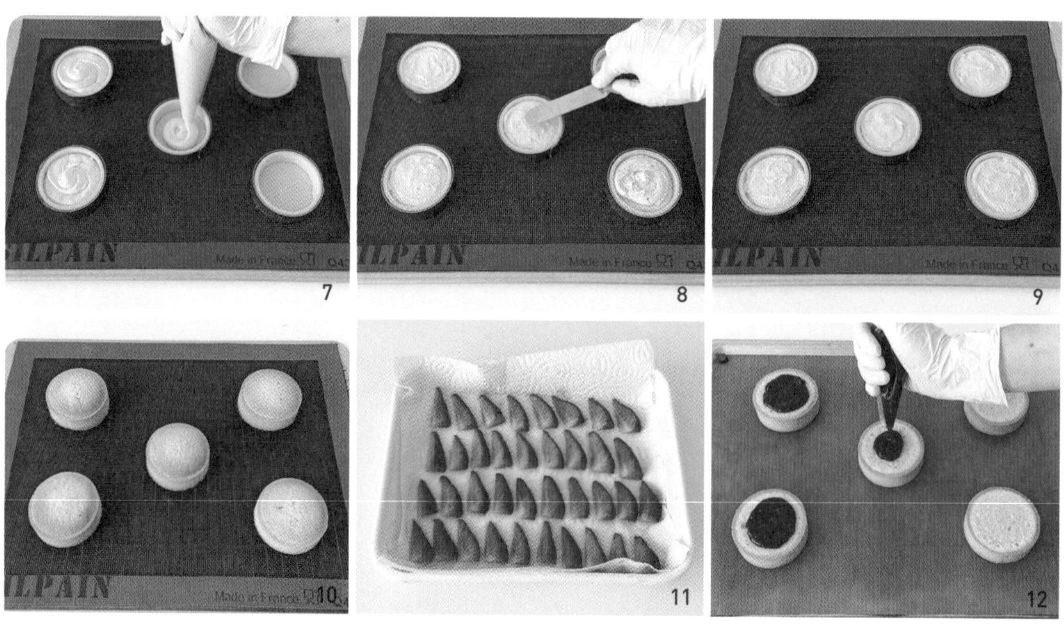

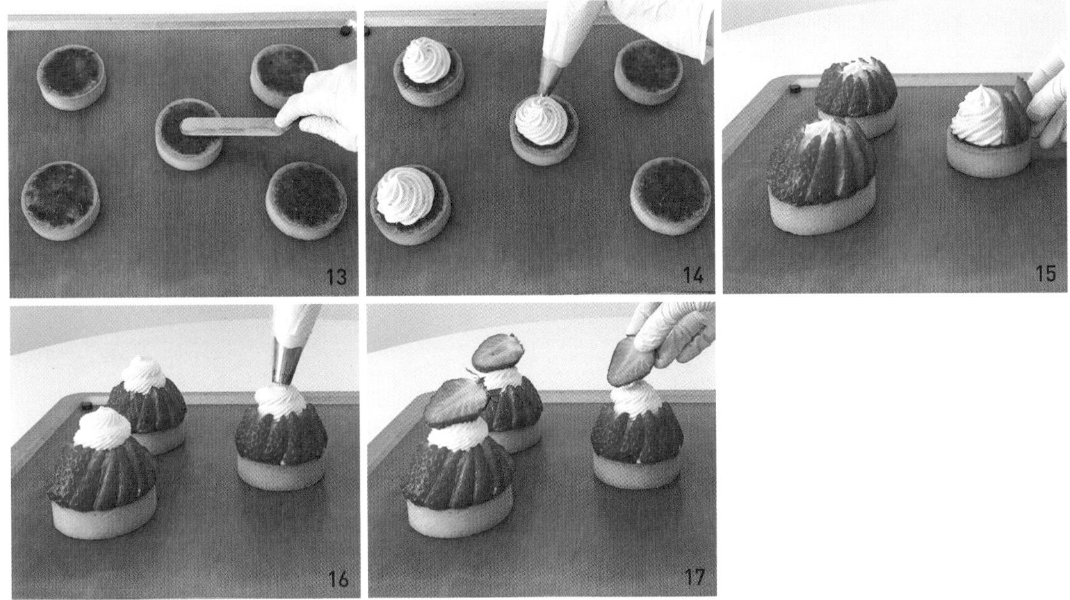

13 스패출러로 얇게 펴 바른다.

14 중앙에 크렘 디플로마트를 짜서 높게 쌓아 올린다.

15 가장자리에 딸기 조각을 가지런히 배열한다.

16 중앙에 휘핑한 생크림을 동그랗게 짜 올린다.

Joy's Tip 토핑용 생크림 50g과 백설탕 3g을 믹싱볼에 넣고 단단한 뿔이 생길 때까지 휘핑한 후 사용하세요.

17 반으로 잘라 둔 딸기를 올려 마무리한다.

섭취 및 보관 냉장 2~3일

아몬드 초코 가나슈 타르트

바삭한 아몬드가 씹히는 진한 초콜릿 가나슈를 충전한 후
가나슈 몽테 크림을 올려 완성했어요. 타르트지, 충전물, 토핑 크림까지
모든 레이어에 초콜릿이 함유되어 진한 초콜릿 맛과 향을 느낄 수 있답니다.

재료 5개 분량

파트 슈크레 반죽	박력분 120g, 코코아파우더 16g, 아몬드가루 20g, 분당 50g, 소금 1.5g, 무염버터 54g, 노른자 45g
가나슈 몽테 크림	다크 커버춰 초콜릿 100g, 생크림A 100g, 꿀 18g, 생크림B 100g
아몬드 가나슈	다크 커버춰 초콜릿 100g, 무염버터 35g, 생크림 100g, 백설탕 30g, 구운 아몬드 50g
토핑	말돈 소금 약간, 카카오닙스 약간, 아몬드 분태 약간

도구

지름 18cm 믹싱볼, 중탕볼, 거품기, 실리콘 주걱, 체망, 핸드믹서, 핸드블랜더, 비커, 랩, 짤주머니, 테프론시트, 철판, 식힘망, 타공 링(지름 7cm×높이 2cm), 직경 1~1.2cm 장미 깍지

준비 작업

- 초코 파트 슈크레 타르트지는 190~193쪽을 참고해 미리 만들어 두세요.
- 다크 커버춰 초콜릿은 카카오 함량이 50~60%인 제품을 사용하세요.
- 아몬드는 28쪽을 참고해 전처리한 후 사용하세요.
- 철판에 테프론시트를 깔아 미리 준비하세요.

Recipe

가나슈 몽테 크림

1 중탕볼에 가나슈 몽테 크림용 다크 커버춰 초콜릿을 넣고 중탕으로 완전히 녹인다.

Joy's Tip 중탕 시 초콜릿 안에 물이 들어가지 않도록 주의하세요. 너무 뜨거우면 탈 수 있으니 55℃를 넘지 않도록 합니다.

2 생크림A와 꿀을 70℃ 전후로 따뜻하게 데워서 2회에 걸쳐 나눠 넣으며 실리콘 주걱으로 골고루 섞는다.

3 매끈한 질감이 될 때까지 핸드블랜더로 유화시킨다.

Joy's Tip 이때 공기가 혼입되지 않도록 주의하며 천천히 원을 그리며 유화합니다.

4 3의 가나슈를 믹싱볼로 옮긴 후 차가운 생크림B를 3회에 걸쳐 나눠 넣는다.

Joy's Tip 이전에 넣은 생크림이 완전히 섞인 후 다음 생크림을 투입하세요.

5 실리콘 주걱으로 저어 완전히 섞는다.

6 밀착 랩핑 해서 최소 3시간 이상 냉장 휴지한다.

7 사용하기 직전에 핸드믹서 중속으로 휘핑해 끝이 부드럽게 휘어지면 마무리한다.

가나슈 몽테 크림 만들 때 주의할 사항

- 초콜릿과 생크림을 녹여서 유화시킨 것이 가나슈이며, 이를 휘핑해서 부풀린 것을 가나슈 몽테라고 합니다.
- 따뜻한 생크림(70℃ 전후)은 초콜릿을 유화시키기 위해, 차가운 생크림(5℃ 전후)은 크림을 부풀리기 위해 사용합니다. 목적과 순서에 따라 알맞은 온도로 준비하세요.
- 가나슈는 유화하지 않고 사용하면 분리되기 쉬우며, 질감이 거칠어지고 식감도 달라집니다.
- 가나슈 몽테 크림은 최소 3~24시간 동안 냉장 숙성해야 합니다. 초콜릿 속 카카오 버터가 안정화되지 않으면 휘핑 과정에서 분리가 일어날 수 있습니다.
- 가나슈 몽테 크림을 고속으로 오래 휘핑하면 분리될 수 있습니다. 휘핑을 마무리했을 때 부드럽고 매끈한 질감이 되면 마무리합니다.
- 휘핑된 가나슈 몽테 크림은 작업 도중 짤주머니를 누르는 압력에 의해서도 굳을 수 있으니 사용할 만큼만 조금씩 짤주머니에 담아 사용하는 것이 좋습니다.

아몬드 가나슈 & 마무리

1 전처리해 준비한 아몬드를 칼로 큼직하게 다진다.

2 중탕볼에 아몬드 가나슈용 다크 커버춰 초콜릿과 무염버터를 넣고 중탕으로 완전히 녹인다.

Joy's Tip 중탕 시 초콜릿 안에 물이 들어가지 않도록 주의하세요. 너무 뜨거우면 탈 수 있으니 55℃를 넘지 않도록 합니다.

3 비커에 생크림과 백설탕을 넣고 섞어서 70℃ 전후로 따뜻하게 데운다.

4 2에 데운 생크림 혼합물을 3회에 걸쳐 나눠 넣는다.

Joy's Tip 이전에 넣은 생크림이 완전히 섞인 후 다음 생크림을 투입하세요.

5 실리콘 주걱으로 골고루 저으면서 완전히 섞는다.

6 매끈한 질감이 될 때까지 핸드블랜더로 유화시킨다.

Joy's Tip 이때 공기가 혼입되지 않도록 주의하며 천천히 원을 그리며 유화합니다.

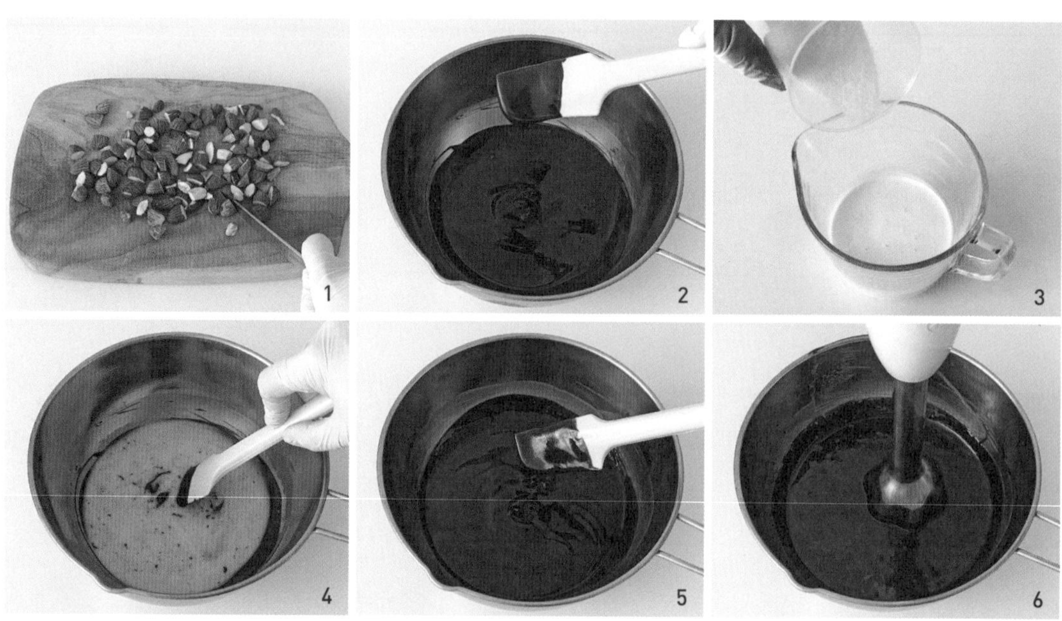

7 1의 다진 아몬드를 넣고 실리콘 주걱으로 골고루 섞는다.

Joy's Tip 깔끔한 단면을 위해 아몬드 부스러기는 최대한 생략하세요.

8 구워 식혀 둔 타르트지 안에 아몬드 가나슈를 가득 채워 넣는다.

9 작업대에 내리쳐 윗면을 편평하게 만들어 큰 기포를 제거하고 냉장고에 넣어 1시간 이상 굳힌다.

10 짤주머니에 담은 가나슈 몽테 크림을 9의 윗면에 짜 올린다.

11 10 위에 말돈 소금, 카카오닙스, 아몬드 분태 등을 올려 마무리한다.

섭취 및 보관 냉장 2~3일

캐러멜 넛츠 타르트

고소하고 바삭한 견과류에 달콤한 캐러멜을 버무려 완성한
캐러멜 넛츠 타르트예요. 취향에 따라 호두, 땅콩, 아몬드, 헤이즐넛, 마카다미아 등
다양한 견과류를 활용할 수 있답니다. 주변에 선물하기도 좋은 레시피이니
온 가족이 함께 단짠의 고소한 맛을 즐겨보세요.

재료 5개 분량

파트 슈크레 반죽	박력분 136g, 아몬드가루 20g, 분당 50g, 소금 1.5g, 무염버터 54g, 노른자 45g
캐러멜라이즈드 넛츠	물엿 30g, 소금 1.5g, 백설탕 115g, 생크림 100g, 무염버터 15g, 구운 견과류 160g

도구

지름 18cm 믹싱볼, 냄비, 거품기, 실리콘 주걱, 체망, 핸드믹서, 테프론시트, 철판, 타공링(지름 7cm×높이 2cm)

준비 작업

- 파트 슈크레는 190~193쪽을 참고해 미리 만들어 두세요.
- 견과류는 26쪽을 참고해 전처리 후 사용하세요.

Recipe

캐러멜라이즈드 넛츠 & 마무리

1 냄비에 물엿과 소금을 넣고 중간 불로 보글보글 끓인다.

2 약한 불로 줄인 후 백설탕을 7~8회에 걸쳐 조금씩 나눠 넣는다.

3 실리콘 주걱으로 골고루 저어가며 설탕을 완전히 녹인다.

Joy's Tip 이전에 넣은 설탕이 다 녹으면 다음 번 설탕을 넣어 주세요. 불이 세면 설탕이 탈 수 있으니 주의하세요.

4 원하는 갈색이 될 때까지 실리콘 주걱으로 저으며 캐러멜화 한다.

Joy's Tip 캐러멜이 연할수록 단맛, 진할수록 쓴맛이 납니다. 취향에 따라 조절하세요.

5 80℃ 전후로 데운 뜨거운 생크림을 조금씩 넣고 실리콘 주걱으로 저으며 골고루 섞는다.

Joy's Tip 차가운 생크림을 사용하면 캐러멜화 할 때 냄비 밖으로 과하게 튀거나 설탕이 굳을 수 있습니다. 뜨거운 생크림을 조금씩 흘려 넣어야 과도하게 끓어오르는 것을 방지할 수 있습니다.

6 무염버터를 넣고 완전히 녹을 때까지 골고루 섞는다.

7 구운 견과류를 넣고 골고루 버무린다.

Joy's Tip 2~7번 과정까지는 전부 약한 불에서 조리합니다.

8 테프론시트를 깐 철판 위에 펴 올려 한 김 식힌다.

9 미리 만들어 준비한 파트 슈크레 안에 캐러멜라이즈드 넛츠를 올려 마무리한다.

Joy's Tip 캐러멜라이즈드 넛츠가 단단하게 굳었을 경우 오븐 또는 전자레인지에 살짝 데워서 사용하세요.

섭취 및 보관 냉장 2~3일

캐러멜 플랑 타르트

플랑(Flan)은 크렘 파티시에를 베이스로 해서 만든 디저트에요.
나라마다 플랑의 모습은 다양하지만 프랑스에서는 바삭한 파이지 안에
크렘 파티시에를 채워 만들어요. 캐러멜 플랑 타르트는 크렘 파티시에에
캐러멜소스를 더해서 달콤함과 풍미를 더했어요.

재료

5개 분량

파트 슈크레 반죽	박력분 136g, 아몬드가루 20g, 분당 50g, 소금 1.5g, 무염버터 54g, 노른자 45g
캐러멜 크렘 파티시에	노른자 36g, 백설탕 25g, 옥수수 전분 18g, 우유 180g, 캐러멜소스 90g
토핑	식용 금박 약간

도구

지름 18cm 믹싱볼, 비커, 거품기, 실리콘 주걱, 체망, 짤주머니, 스패출러, 타공 매트, 식힘망, 타공 링(지름 7cm×높이 2cm)

준비 작업

- 파트 슈크레는 190~193쪽을 참고해 미리 만들어 두세요.
- 캐러멜소스는 43쪽을 참고해 만들어 준비하세요.
- 오븐을 200℃로 예열하세요.

Recipe

캐러멜 크렘 파티시에 & 마무리

1 비커에 노른자와 백설탕을 넣고 거품기로 골고루 섞는다.

2 옥수수 전분을 넣고 거품기로 골고루 섞는다.

3 가장자리가 끓을 정도로 따뜻하게 데운 우유를 넣고 설탕이 거의 녹을 정도로 섞는다.

4 3의 재료를 다시 냄비에 옮겨 담는다.

5 중간 불로 쉬지 않고 휘저어서 걸쭉한 텍스처가 될 때까지 끓인다.

Joy's Tip 냄비에 눌러 붙지 않도록 바닥까지 신경 써서 저어주세요. 센 불에 끓이면 탈 수 있으니 주의하세요.

6 표면이 매끄러워지면서 큰 기포가 터지기 시작하면 불을 끈다.

7 준비한 캐러멜소스를 넣고 골고루 섞는다.

8 고운 체에 한 번 거른 후 짤주머니에 담는다.

9 파트 슈크레 안에 8의 캐러멜 크렘 파티시에를 짜 넣는다.

10 실리콘 주걱이나 스패출러로 윗면을 편평하게 정돈한다.

11 예열한 오븐에 넣어 200℃에서 12분 전후로 굽고, 구운 후에는 식힘망에 올려 완전히 식힌 다음 식용 금박 등을 올려 마무리한다.

섭취 및 보관 냉장 3~4일

Cake

빅토리아 케이크

라즈베리 다쿠아즈 케이크

레드벨벳 케이크

당근 케이크

보늬밤 번트 치즈케이크

망고 샤를로트 케이크

모엘루 오 쇼콜라

이번 파트에서는 제철 과일을 활용한 케이크와 계절을 타지 않는 품목까지 더해 1년 내내 맛볼 수 있는 케이크 레시피들을 담았습니다. 디저트 숍 쇼케이스에 이 케이크들이 진열되었으면 좋겠다는 마음으로 정성스럽게 만들었답니다. 판매용으로도, 주변에 선물하기에도 좋으니 모든 레시피를 꼭 만들어 보세요.

빅토리아 케이크

묵직하고 촉촉한 버터 스펀지 케이크에 상큼한 라즈베리 잼과 고소한
바닐라 앙글레이즈 버터 크림이 만나 혀에서 부드럽게 녹아내리는 케이크예요.
심플하지만 한 조각만 먹어도 만족스러운 맛을 선사한답니다.
실온에 두고 하루 정도 숙성해 드시면 더욱 맛있어요.

재료

1개 분량

버터 스펀지 케이크 반죽	무염버터 60g, 우유 10g, 전란 120g, 바닐라익스트랙 1.5g, 백설탕 108g, 물엿 12g, 소금 한 꼬집, 박력분 120g, 베이킹파우더 1g
바닐라 앙글레이즈 버터 크림	노른자 58g, 백설탕 26g, 바닐라빈 1개, 우유 86g, 무염버터 144g, 분당 20g
바르기용 시럽	물 100g, 백설탕 35g
토핑	산딸기 잼 적당량, 데코스노우 적당량, 딸기 적당량

도구

지름 18cm 믹싱볼, 비커, 핸드믹서, 실리콘 주걱, 체망, 종이포일(또는 유산지), 냄비, 짤주머니, 식힘망, 높은 원형 1호 틀(지름 15cm×높이 7cm), 지름 1.5cm 8발 별 깍지 또는 원하는 깍지

준비 작업

- 모든 재료는 실온 상태로 준비하세요.
- 틀 안쪽에 종이포일(또는 유산지)을 재단해 깔아주세요.
- 오븐은 180℃로 15분 이상 예열하세요.
- 바르기용 시럽은 미지근한 물에 백설탕을 완전히 녹여서 준비하세요.

Recipe

바닐라 앙글레이즈 버터 크림

1 믹싱볼에 노른자, 백설탕, 바닐라빈을 넣고 부드럽게 섞는다.

Joy's Tip 바닐라빈은 바닐라 줄기를 반으로 갈라서 칼등으로 씨앗만 분리해 넣어주세요.

2 가장자리가 끓을 정도로 따뜻하게 데운 우유를 넣는다.

3 설탕이 거의 녹을 때까지 거품기로 골고루 젓는다.

4 냄비에 모든 재료를 다시 옮긴다.

5 약한 불로 쉬지 않고 저으면서 걸쭉한 질감이 될 때까지 데운다.

Joy's Tip 노른자가 응고되지 않도록 바닥을 계속 저어주세요.

6 5를 체에 한 번 거른다.

7 체에 거른 6을 25~28℃까지 식힌다.

8 믹싱볼에 부드러운 무염버터와 분당을 넣는다.

9 뽀얗게 부풀 때까지 핸드믹서 중속으로 휘핑한다.

10 7의 바닐라 앙글레이즈를 전부 넣는다.

11 핸드믹서 중속으로 1분 이상 휘핑해 골고루 섞는다.

Joy's Tip 크림은 사용 직전에 만들어서 바로 사용하는 것이 좋아요. 바로 사용하지 않는 경우 밀착 랩핑해 잠시 실온에 두세요.

버터 스펀지 케이크 &마무리

1 무염버터와 우유를 전자레인지나 냄비에 넣고 녹을 때까지 데워 준다(40~50℃).

2 믹싱볼에 전란과 바닐라익스트랙을 넣은 후 거품기로 부드럽게 풀어준다.

3 백설탕, 물엿, 소금을 넣고 골고루 섞는다.

4 중탕으로 45℃ 전후까지 데운다.

5 핸드믹서 중속으로 3배 이상 부풀 때까지 뽀얗게 휘핑한다.

6 리본 모양을 그렸을 때 3초 이상 유지되는지 확인한다.

7 박력분과 베이킹파우더를 섞어서 절반 정도만 체 쳐 넣는다.

8 실리콘 주걱으로 J자를 그리면서 가루가 80%가량 섞일 때까지 혼합한다.

9 남은 가루 재료를 모두 체 쳐 넣는다.

10 다시 실리콘 주걱으로 가루가 80%가량 섞일 때까지 혼합한다.

11 1의 따뜻하게 데운 무염버터와 우유를 전부 넣는다.

12 실리콘 주걱으로 J자를 그리면서 버터가 보이지 않을 때까지 골고루 혼합한다.

Joy's Tip 반죽이 꺼지지 않도록 신속하게 작업하세요. 과하게 섞으면 떡진 식감이 되므로 버터가 눈에 보이지 않으면 마무리합니다.

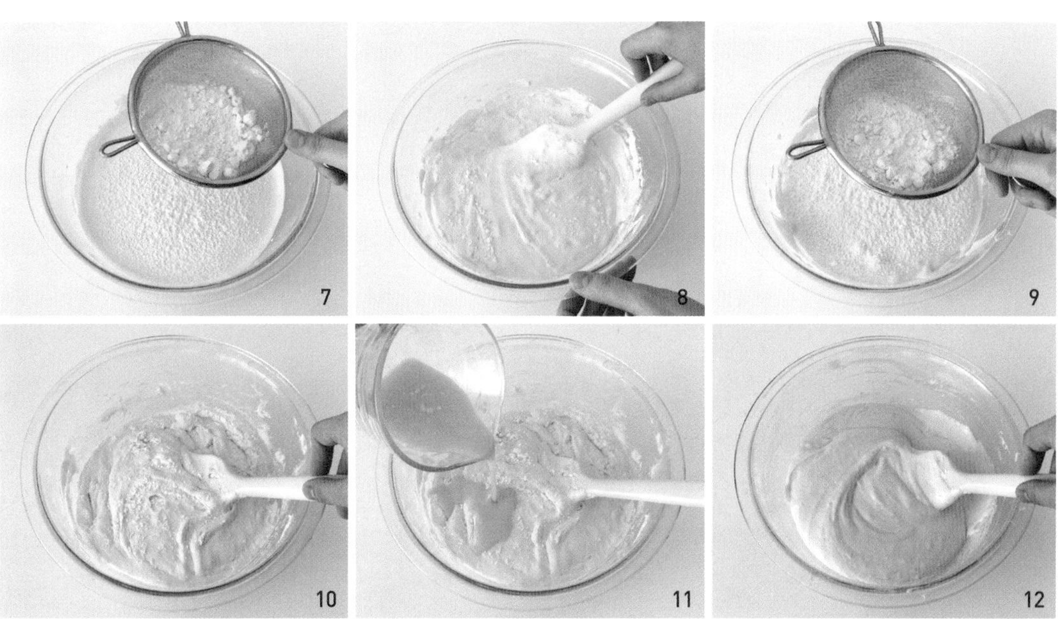

13 틀에 반죽을 전부 붓는다.

14 젓가락으로 원을 그리며 윗면을 편평하게 정돈한 후 작업대에 10회 내리쳐 쇼크를 준다.

15 예열한 오븐에 넣어 170℃에서 35분 전후로 굽는다.

Joy's Tip 꼬지(케이크 테스터)로 테스트했을 때 반죽이 묻어나오지 않아야 합니다.

16 오븐에서 꺼내자마자 작업대에 1회 내리쳐 쇼크를 준다.

Joy's Tip 미처 빠져나가지 못한 수증기를 제거하는 과정이에요. 이 과정을 생략하면 옆면이 홀쭉한 모양으로 식을 수 있어요.

17 식힘망 위에서 뒤집어 틀에서 분리한 후 그대로 완전히 식힌다.

Joy's Tip 완성한 시트는 완전히 식은 후 랩핑하여 실온에서 하루 정도 숙성하면 더욱 풍미가 좋아집니다.

18 완전히 식힌 시트를 반으로 자른다.

Joy's Tip 아래의 사진처럼 윗면을 제거해도 좋지만 그대로 사용해도 됩니다.

19 윗면에 바르기용 시럽을 바르고, 만들어 둔 바닐라 앙글레이즈 버터 크림을 가장자리에 짜 올려 모양을 낸다.

Joy's Tip 별 깍지를 사용하거나 스패출러를 이용해 러프하게 발라도 좋습니다.

20 중앙에 가장자리보다 낮게 바닐라 앙글레이즈 버터 크림을 짜 올린 후 편평하게 정돈한다.

21 산딸기 잼을 넘치지 않도록 채워 넣는다.

22 19~20번 과정을 반복한다.

23 산딸기 잼을 넘치지 않도록 채워 넣는다.

24 반으로 자른 딸기를 가장자리에 두르고 데코스노우를 뿌려 마무리한다.

Joy's Tip 과일을 생략하거나 허브 잎을 올려 마무리해도 좋습니다.

섭취 및 보관 실온 2일, 냉장 7일

라즈베리 다쿠아즈 케이크

달콤하고 농후한 마스카르포네 바바루아 크림과 상큼한 라즈베리의 조합이 고급스러운 맛을 선사해요. 조각으로 먹거나 홀케이크로 주변에 선물하기도 좋답니다. 짧은 산딸기 철에 꼭 만들어 보세요.

재료

1개 분량

다쿠아즈 반죽	흰자 94g, 백설탕 55g, 아몬드가루 73g, 슈거파우더 48g, 박력분 11g, 뿌리기용 분당 20g, 라즈베리 잼 50g, 산딸기 두 줌
마스카르포네 바바루아 크림	노른자 20g, 백설탕A 22g, 바닐라익스트랙 1g, 우유 50g, 판젤라틴 2g, 마스카르포네 치즈 65g, 백설탕B 10g, 생크림 110g
토핑	데코스노우 적당량, 허브 잎 약간, 식용 금박 약간

도구

지름 18cm 믹싱볼, 핸드믹서, 거품기, 실리콘 주걱, 체망, 냄비, 비커, 짤주머니, 식힘망, 무스 링(지름 18cm×높이 5cm), 지름 1.2cm 원형 깍지

준비 작업

- 다쿠아즈 반죽 재료 중 아몬드가루, 슈거파우더, 박력분은 함께 섞어 두세요.
- 흰자는 차갑게 준비하세요.
- 마스카르포네 바바루아 크림 재료 중 생크림과 마스카르포네 치즈는 차갑게 준비하세요.

Recipe

마스카르포네 바바루아 크림

1 판젤라틴은 얼음물에 10분간 불린 후 물기를 꼭 짠다.

2 믹싱볼에 노른자, 백설탕A, 바닐라익스트랙을 넣고 거품기로 골고루 섞는다.

3 따뜻하게 데운(70℃ 전후) 우유를 넣고 골고루 섞는다.

4 3의 재료를 다시 냄비에 옮겨 붓는다.

5 실리콘 주걱으로 저어가며 가장 약한 불에서 80~82℃까지 데운다.

Joy's Tip 실리콘 주걱 뒷면을 손 끝으로 긁었을 때 지나간 자리가 그대로 유지되는 상태입니다. 이때 노른자가 익지 않도록 주의하세요.

6 불을 끄고 불린 판젤라틴을 넣어 골고루 섞는다.

7 고운 체에 걸러서 26~28℃까지 식힌다.

8 믹싱볼에 차가운 마스카르포네 치즈, 백설탕B와 7을 전부 넣는다.

9 핸드믹서 중속으로 골고루 혼합한다.

10 차가운 생크림을 넣고 단단한 질감이 될 때까지 고속으로 휘핑한다.

Joy's Tip 완성된 바바루아 크림은 묽어지기 쉬우므로 다쿠아즈 시트를 식히는 동안 만들고 바로 사용하는 것이 좋아요.

다쿠아즈 반죽 & 마무리

1 믹싱볼에 차가운 흰자를 넣고 핸드믹서 중속으로 1분간 풀어준다.

Joy's Tip 재료 준비가 끝나면 오븐을 180℃로 예열하세요.

2 백설탕을 3회에 걸쳐 나눠 투입하고, 넣을 때마다 30초씩 휘핑한다.

3 뾰족한 뿔이 생길 때까지 단단하게 휘핑한다.

4 가루 재료 절반을 체 쳐 넣고 날가루가 듬성듬성 보일 때까지 실리콘 주걱으로 섞는다.

5 나머지 가루 재료를 전부 체 쳐 넣고 날가루가 보이지 않을 때까지 섞는다.

Joy's Tip 머랭 거품이 죽으면 식감이 질겨지고 팬닝 양이 부족해집니다. 절대 오버믹싱하지 마세요.

6 원형 깍지를 끼운 짤주머니에 반죽을 담아 무스 링 안에 한 겹 짜 넣는다.

7 테두리에 물방울 모양으로 반죽을 짜 넣는다.

8 실리콘 주걱으로 중앙의 윗면을 매끈하게 정돈한다.

9 뿌리기용 분당을 윗면에 얇게 뿌린 후 전체적으로 스며들면 한 번 더 뿌린다.

10 예열한 오븐에 넣어 180℃에서 16분 전후로 굽는다.

Joy's Tip 전체적으로 연한 갈색을 띠면 꺼내 주세요.

11 다쿠아즈를 틀째 식힘망으로 옮겨 식힌다.

12 완전히 식으면 칼을 이용해 테두리를 긁어 다쿠아즈를 분리한다.

Joy's Tip 칼날을 몸에서 먼 방향 쪽으로 두어야 다치지 않습니다.

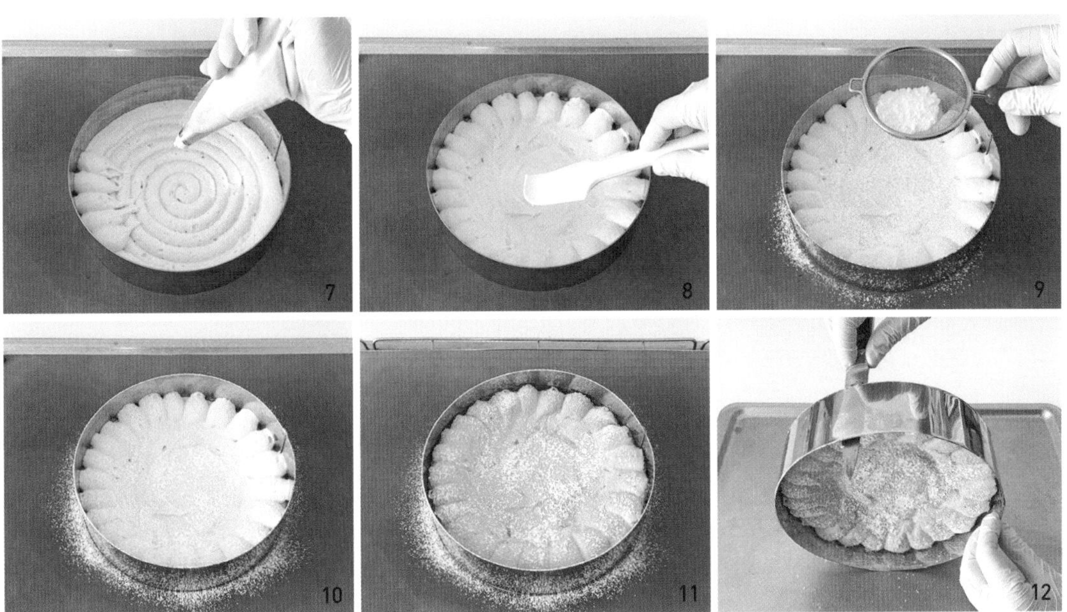

13 수저 뒷면으로 중앙을 살짝 눌러서 오목하게 만든다.

14 중앙에 라즈베리 잼을 얇게 펴 바른다.

15 마스카르포네 바바루아 크림을 중앙에 짜 넣은 후 윗면을 편평하게 정돈한다.

Joy's Tip 테두리 높이보다 낮게 짜 넣으세요.

16 테두리를 따라 마스카르포네 바바루아 크림을 동그랗게 짜 올린다.

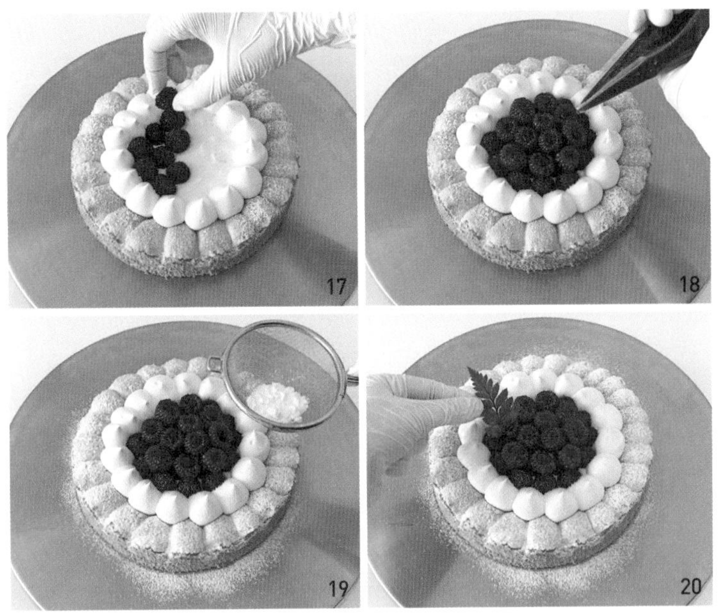

17 산딸기의 동그란 모양이 위로 오도록 올린다.

18 산딸기의 동그란 모양이 아래를 향하도록 올린 후 과육 안에 라즈베리 잼을 채워 넣는다.

19 가장자리에 데코스노우를 뿌린다.

20 허브 잎, 식용 금박 등으로 장식해 마무리한다.

Joy's Tip 완성된 케이크는 1시간 이상 냉장 숙성한 후 드세요.

섭취 및 보관 냉장 3일

레드벨벳 케이크

은은하게 풍기는 초코 향 시트에 새콤 달콤한 크림치즈 아이싱을 발라 완성한 레드벨벳 케이크예요. 시중에서 구하기 쉬운 재료를 활용해 북미에서 오랫동안 사랑받는 맛과 식감을 최대한 구현했답니다. 이 케이크는 묵직한 식감이지만 굉장히 촉촉해서 한 조각만 먹어도 든든해요.

재료

1개 분량

레드벨벳 케이크 시트 반죽	중력분 120g, 베이킹파우더 5g, 코코아파우더 15g, 전란 90g, 노른자 20g, 백설탕 112g, 소금 1g, 바닐라익스트랙 2g, 식용유 60g, 무염버터 50g, 플레인 무가당 요거트 50g, 레드 색소 1~2g(취향껏 조절)
크림치즈 프로스팅	무염버터 110g, 크림치즈 350g, 바닐라익스트랙 1g, 분당 92g, 생크림 21g
토핑	산딸기 적당량, 허브 잎 약간, 데코스노우 적당량

도구

지름 18cm 믹싱볼, 핸드믹서, 거품기, 실리콘 주걱, 짤주머니, 체망, 스패출러, 유산지, 1.5cm 각봉, 식힘망, 높은 원형 1호 틀(지름 15cm×높이 7cm), 지름 1cm 원형 깍지

준비 작업

- 모든 재료는 실온 상태로 준비하세요.
- 레드벨벳 시트 반죽 재료 중 중력분, 베이킹파우더, 코코아파우더는 함께 섞어 두세요.
- 레드벨벳 시트 반죽 재료 중 무염버터는 녹여서 준비하세요.

Recipe

크림치즈 프로스팅

1 믹싱볼에 무염버터를 넣고 실리콘 주걱으로 눌러서 덩어리를 풀어 준다.

Joy's Tip 버터와 크림치즈에 온도 차이가 생기면 분리되므로 반드시 모두 실온 상태로 준비하세요.

2 다른 믹싱볼에 크림치즈와 바닐라익스트랙을 넣고 덩어리가 풀어질 때까지 핸드믹서 중저속으로 부드럽게 휘핑한다.

3 분당을 넣고 골고루 섞는다.

4 생크림을 넣고 골고루 섞는다.

5 1의 부드럽게 풀어 둔 무염버터를 넣고 골고루 섞는다.

Joy's Tip 2~5번 과정은 핸드믹서 중저속으로 휘핑하세요. 고속으로 휘핑 시 분리될 수 있습니다.

6 크림이 완성되면 짤주머니에 담아 사용한다.

Joy's Tip 크림치즈 프로스팅은 사용하기 직전에 만드세요. 바로 사용하지 못하는 경우 밀착 랩핑 후 30분 이내에 사용하세요.

레드벨벳 케이크 시트 &마무리

1 원형 틀에 식용유(분량 외)를 얇게 바른 후 유산지를 재단하여 부착한다. 이때 오븐은 180℃로 예열을 시작한다.

2 믹싱볼에 전란, 노른자, 백설탕, 소금, 바닐라익스트랙을 넣는다.

3 2배 이상 부풀 때까지 핸드믹서 중속으로 휘핑한다.

4 식용유, 녹인 무염버터, 플레인 무가당 요거트, 레드 색소를 넣는다.

Joy's Tip 레드 색소는 취향껏 넣어서 색깔을 조절하세요.

5 완전히 섞일 때까지 중속으로 골고루 휘핑한다.

6 가루 재료를 전부 체 쳐 넣는다.

7 날가루가 보이지 않을 때까지 거품기로 골고루 섞는다.

8 틀 안에 반죽을 채워 넣고 작업대에 3~5회 내리쳐 큰 기포를 제거한다.

9 예열한 오븐에 넣어 160℃에서 40분 전후로 굽는다.

Joy's Tip 중앙을 꼬지(케이크 테스터)로 테스트했을 때 반죽이 묻어나오지 않아야 합니다.

10 작업대에 1회 내리쳐 쇼크를 준 후 식힘망 위에서 뒤집어 틀에서 분리한 후 그대로 식힌다.

Joy's Tip 케이크 시트를 바로 사용하지 않을 경우 완전히 식힌 후 유산지를 부착한 채 랩핑하세요. 실온에 두고 하루 정도 숙성하여 사용하거나 냉동 보관 시 일주일 이내로 사용하세요.

11 완전히 식으면 유산지를 제거한 후 3등분으로 자른다.

Joy's Tip 1.5cm 각봉을 사용하면 균일하게 자를 수 있습니다.

12 돌림판 위에 케이크 시트 한 장을 올린다.

13 크림치즈 프로스팅을 물방울 모양으로 짜 올린다.

14 12~13번 과정을 2회 반복한다.

15 가장자리에 물방울 모양으로 크림을 짜 올린 후 스패출러나 수저 뒷면으로 눌러서 꽃잎 모양을 만든다.

Joy's Tip 스패출러를 키친타월로 계속 닦으면서 사용해야 깔끔한 모양을 만들 수 있습니다.

16 가장자리에서 2cm 정도 간격을 두고 한번 더 모양을 낸다.

17 케이크 중앙에 산딸기, 허브 잎 등을 올려 장식한 후 데코스노우를 뿌려 마무리한다.

Joy's Tip 마무리한 후 1시간 이상 냉장 숙성 후 드세요.

섭취 및 보관 냉장 3일, 냉동 3주

당근 케이크

사계절 내내 맛있게 먹는 당근 케이크를 소개합니다.
달큰한 당근 케이크 시트에 상큼한 크림치즈 프로스팅이 무척 잘 어울려요.
시나몬 향이 더욱 특별하게 느껴지는 쌀쌀한 날씨에 꼭 만들어 보세요.

재료

1개 분량

당근 케이크 시트 반죽	중력분 144g, 베이킹파우더 3g, 베이킹소다 2g, 시나몬가루 4g, 무염버터 58g, 전란 96g, 백설탕 60g, 흑설탕 80g, 소금 1g, 바닐라익스트랙 1g, 식용유 58g, 당근 118g, 다진 호두 56g
크림치즈 프로스팅	크림치즈 220g, 바닐라익스트랙 1g, 분당 88g, 생크림 120g
토핑	딸기 적당량, 데코스노우 적당량

도구

지름 18cm 믹싱볼, 거품기, 실리콘 주걱, 체망, 스패출러, 유산지, 짤주머니, 푸드프로세서, 핸드믹서, 1,5cm 각봉, 식힘망, 높은 원형 틀 1호(지름 15cm×높이 7cm), 지름 1cm 원형 깍지

준비 작업

- 무염버터는 녹여서 준비하세요.
- 생크림을 제외한 모든 재료는 실온 상태로 준비하세요.
- 중력분, 베이킹파우더, 베이킹소다, 시나몬가루는 함께 섞어 두세요.
- 호두는 26쪽을 참고해 전처리 후 사용하세요.

Recipe

크림치즈 프로스팅

1 믹싱볼에 실온 상태의 크림치즈와 바닐라익스트랙을 넣고 핸드믹서 저속으로 골고루 휘핑한다.

2 분당을 넣고 골고루 섞는다.

3 다른 믹싱볼에 차가운 생크림을 넣고 뾰족한 뿔이 생길 때까지 중고속으로 휘핑한다.

Joy's Tip 얼음 볼을 받쳐서 휘핑하면 크림이 더욱 단단해집니다.

4 2에 휘핑한 생크림 1/3을 넣고 저속으로 골고루 섞는다.

5 나머지 생크림을 전부 넣는다.

6 실리콘 주걱으로 부드럽게 섞는다.

Joy's Tip 크림치즈 프로스팅은 사용하기 직전에 만드세요. 바로 사용하지 못하는 경우 밀착 랩핑해서 잠시 냉장 보관하세요.

당근 케이크 시트 & 마무리

1 원형 틀에 식용유(분량 외)를 얇게 바른 후 유산지를 재단하여 부착한다. 이때 오븐은 190℃로 예열을 시작한다.

2 호두는 1cm 크기로 다지고, 당근은 푸드프로세서로 갈아서 준비한다.

3 믹싱볼에 전란, 백설탕, 흑설탕, 소금, 바닐라익스트랙을 넣는다.

4 2배 이상 부풀 때까지 핸드믹서 중속으로 휘핑한다.

5 식용유, 녹인 무염버터를 넣는다.

6 완전히 섞일 때까지 핸드믹서 중속으로 골고루 휘핑한다.

7 가루 재료를 전부 체 쳐 넣는다.

8 날가루가 보이지 않을 때까지 거품기로 골고루 섞는다.

9 2의 다진 당근과 다진 호두를 넣는다.

10 실리콘 주걱으로 골고루 섞는다.

11 유산지를 깔아 준비한 틀 안에 반죽을 채워 넣고 작업대에 3~5회 내리쳐 큰 기포를 제거한다.

12 예열한 오븐에 넣어 170℃에서 40분 전후로 굽는다.

Joy's Tip 중앙을 꼬지(케이크 테스터)로 테스트했을 때 반죽이 묻어나오지 않아야 합니다.

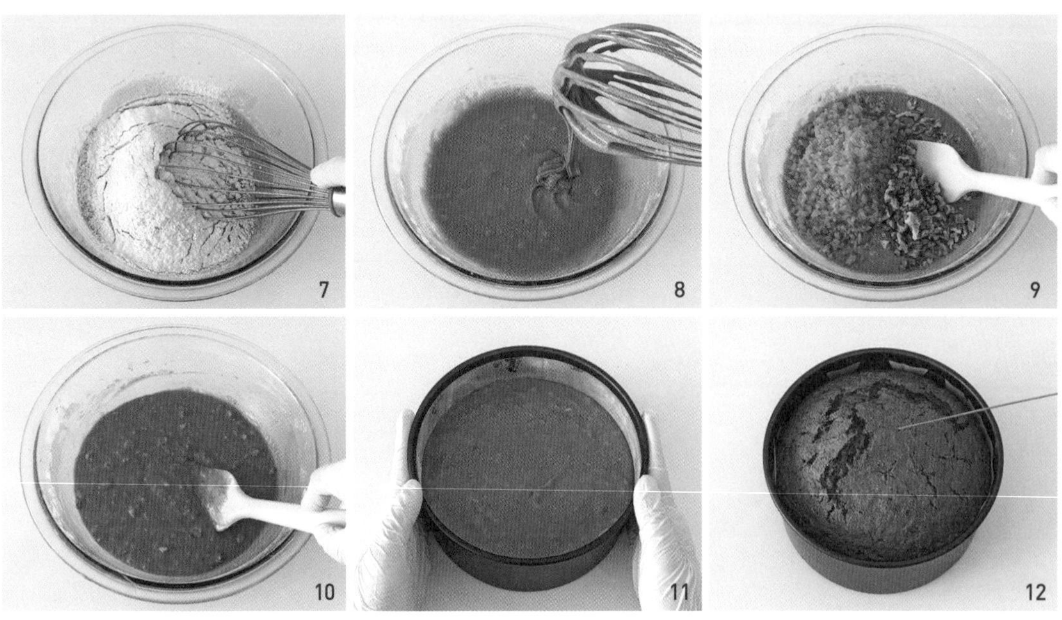

13 오븐에서 꺼내자마자 작업대에 1회 내리쳐 쇼크를 준 후 식힘망 위에 뒤집어서 식힌다.

Joy's Tip 바로 사용하지 않을 경우 완전히 식힌 후 유산지를 부착한 채 랩핑하세요. 실온에서 하루 정도 숙성 후 사용하거나 냉동 보관 시 일주일 내로 사용하세요.

14 완전히 식으면 유산지를 제거한 후 3등분으로 자른다.

Joy's Tip 1.5cm 각봉을 사용하면 균일하게 자를 수 있습니다.

15 돌림판에 시트 한 장을 올리고 크림치즈 프로스팅을 짜 올린다.

16 15번 과정을 2회 반복한다.

17 윗면을 스패출러로 편평하게 만든다.

18 딸기를 얹고 데코스노우를 뿌려 마무리한다.

Joy's Tip 데코스노우 대신 시나몬가루를, 딸기 대신 허브 잎 또는 다진 호두를 올려 마무리해도 좋습니다. 마무리되면 1시간 이상 냉장 숙성 후 드세요.

섭취 및 보관 냉장 3일, 냉동 3주

보늬밤 번트 치즈케이크

보늬밤 페이스트로 맛을 낸 치즈케이크에 통 보늬밤을 넣어
식감을 더했어요. 크림처럼 부드럽고 촉촉한 식감이 매력적이랍니다.
농후하고 진한 밤 크림을 얹어 더욱 맛있게 즐겨보세요.

재료 1개 분량

밤 치즈케이크 반죽	크림치즈 380g, 생크림 160g, 전란 130g, 노른자 15g, 바닐라익스트랙 3g, 백설탕 96g, 보늬밤 페이스트 200g, 충전용 보늬밤 8~10개
보늬밤 페이스트	보늬밤 300g, 우유 120g, 백설탕 45g, 골드 럼 10g, 시나몬가루 약간(한 꼬집 이하)
밤 크림	보늬밤 페이스트 120g, 생크림 100g, 백설탕 10g
토핑	보늬밤 3개, 데코스노우 적당량, 허브 잎 적당량

도구

지름 18cm 믹싱볼, 거품기, 실리콘 주걱, 체망, 바믹서, 핸드믹서, 비커, 짤주머니, 스패출러, 종이포일, 식힘망, 토치, 높은 원형 1호틀(지름 15cm×높이 7cm), 별 깍지

준비 작업

- 보늬밤은 시판용 통조림 제품을 사용하세요. 남은 보늬밤을 보관할 때는 밀폐용기에 담아 통조림 시럽과 함께 냉장 보관 후 2주 이내에 사용하세요.
- 케이크에 사용되는 모든 보늬밤은 키친타월로 물기를 제거한 후 사용하세요.
- 밤 크림 재료는 모두 차갑게 준비하세요.

Recipe

보늬밤 페이스트

1 비커에 보늬밤 페이스트 재료를 모두 넣는다.

2 바믹서(또는 믹서기)로 곱게 간다.

3 밀폐용기에 담아 밀착 랩핑 후 냉장 보관한다.

Joy's Tip 냉장 보관 시 5일 이내, 냉동 보관 시에는 3주 이내 사용할 것을 권합니다.

밤 치즈케이크 반죽&
밤 크림&마무리

1 원형 틀 안쪽에 종이포일을 최대한 밀착시켜 깔아 준다. 이때 오븐은 230℃로 20분 이상 예열을 시작한다.

Joy's Tip 틀 밖으로 튀어나온 종이포일은 자석으로 고정하면 작업이 수월합니다.

2 틀 안쪽 가장자리에 보늬밤을 두른다.

Joy's Tip 보늬밤이 테두리에 직접 닿으면 탈 수 있으므로 살짝 간격을 주세요.

3 비커에 보늬밤을 제외한 모든 밤 치즈케이크 반죽 재료를 담는다.

Joy's Tip 모든 재료는 반드시 실온 상태로 준비하세요.

4 비커와 바믹서를 살짝 기울여서 덩어리가 보이지 않을 때까지 곱게 간다.

Joy's Tip 바믹서를 마구 휘젓거나 위아래로 자주 움직이면 공기가 많이 혼입되어 결과물과 식감에 영향을 줍니다.

5 4를 고운 체에 한 번 거른다.

6 5를 담은 믹싱볼을 작업대에 여러 번 내리쳐 기포를 제거한다.

7 반죽을 틀 안에 천천히 붓는다.

8 예열한 오븐에 넣고 200℃로 40분간 굽는다.

Joy's Tip 오븐의 열 세기에 따라 200~220℃ 범위 내에서 온도를 조절하세요. 굽는 도중에는 오븐 문을 절대 열지 마세요.

9 40분이 지나면 오븐을 끄고, 오븐 문을 연 채로 10분간 그대로 둔다.

Joy's Tip 이 과정은 부풀었던 반죽이 천천히 가라앉아 들뜨는 것을 방지해 줍니다. 틀을 흔들었을 때 찰랑찰랑하게 느껴지는 상태입니다.

10 식힘망에 올려 완전히 식힌 후 틀째 랩핑해 12시간 이상 냉장 숙성한다.

11 토치로 틀 주변을 살짝 데운다. 토치가 없는 경우 뜨거운 물수건으로 틀 주변을 감싼다.

12 종이포일을 들어 올려 틀에서 분리한 후 그대로 케이크를 돌림판 위로 옮긴다.

13 믹싱볼에 차가운 밤 크림 재료를 전부 넣는다.

14 핸드믹서 중고속으로 단단한 질감이 될 때까지 휘핑한다.

15 밤 크림의 90% 정도를 케이크 위에 올린다.

16 스패출러로 윗면을 편평하게 정돈한 후 스패출러를 수직으로 세워 옆면도 정돈한다.

17 남은 밤 크림을 짜 올리고 보늬밤 조각을 얹는다.

18 가장자리에 데코스노우를 뿌리고 허브 잎을 올려 마무리한다.

Joy's Tip 케이크를 자를 때는 칼을 따뜻하게 데워 사용하고 자를 때마다 닦는 것이 좋습니다.

섭취 및 보관 냉장 4~5일, 냉동 3주

망고 샤를로트 케이크

달콤한 망고와 진한 망고 맛 바바루아 무스 크림이
입안 가득 망고 향을 느끼게 합니다.
포근한 비스퀴와 함께라면 한 조각은 순식간에 사라질 거예요.

재료

1개 분량

비스퀴 아 라 퀴예르 반죽	흰자 105g, 백설탕A 60g, 노른자 65g, 백설탕B 30g, 박력분 95g, 뿌리기용 분당 30g
망고 크레뮤	노른자 40g, 전란 40g, 백설탕 26g, 망고 퓌레 190g(시판용), 판젤라틴 6g, 무염버터 50g, 생크림 85g
바르기용 시럽	백설탕 25g, 물 50g
토핑	생크림 190g, 백설탕 15g, 생망고 2개, 허브 잎 약간, 식용 금박 약간

도구

지름 18cm 믹싱볼, 거품기, 실리콘 주걱, 체망, 붓, 냄비, 비커, 스패출러, 바믹서, 핸드믹서, 종이포일(또는 유산지), 테프론시트, 짤주머니, 철판, 식힘망, 무스 링(지름 15cm×높이 5cm), 높이 6cm 무스 띠, 지름 1cm 원형 깍지, 상투 깍지

준비 작업

- 비스퀴용 흰자와 토핑용 생크림은 차갑게 준비하세요. 그 외 재료는 실온 상태로 준비하세요.
- 바르기용 시럽은 미지근한 물에 백설탕을 완전히 녹여서 준비하세요.

Recipe

망고 크레뮤

1 얼음물에 판젤라틴을 넣어 10분간 불린 후 물기를 꼭 짠다.

2 믹싱볼에 노른자, 전란, 백설탕을 넣고 거품기로 골고루 섞는다.

3 따뜻하게 데운(70℃ 전후) 망고 퓌레를 넣고 골고루 섞는다.

4 3을 냄비에 다시 옮긴다.

5 실리콘 주걱으로 계속 저어가며 80~82℃가 될 때까지 약한 불로 데운다.

Joy's Tip 이때 달걀이 익지 않도록 주의하세요. 최종 온도를 반드시 지켜야 달걀의 살균 효과와 식감을 살릴 수 있습니다.

6 불을 끄고 불린 판젤라틴을 넣은 후 골고루 섞어 35℃까지 식힌다.

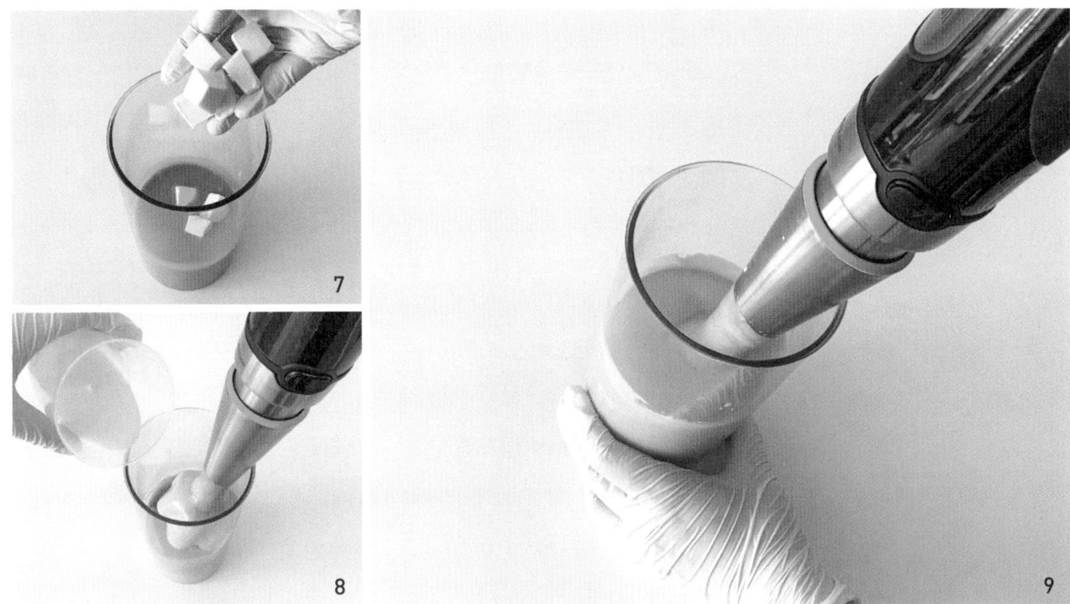

7 비커에 6의 재료와 실온 상태의 무염버터를 넣고 바믹서로 덩어리가 보이지 않는 상태가 될 때까지 유화한다.

8 실온 상태로 준비한 생크림을 넣는다.

9 기포가 생기지 않도록 주의하며 바믹서로 곱게 간다.

Joy's Tip 완성된 망고 크레뮤는 냉장 보관하면 굳으므로 사용 전까지 반드시 실온에 두세요.

비스퀴 아 라 퀴예르 반죽 & 마무리

1 종이포일(또는 유산지)로 가로 28cm×높이 13cm 직사각형 도안 1개, 지름 15cm 원형 도안 2개를 만든다.

2 철판에 도안을 깔고 테프론시트를 덮는다. 이때 오븐을 180℃로 예열한다.

3 믹싱볼에 노른자와 백설탕B를 넣는다.

4 핸드믹서 중속으로 2분간 뽀얗게 휘핑한다. 사용 전까지 잠시 한쪽에 둔다.

Joy's Tip 노른자에 머랭용 흰자 일부를 넣으면 풍부한 거품을 낼 수 있습니다.

5 다른 믹싱볼에 흰자를 넣고 핸드믹서 중속으로 1분간 휘핑한다.

Joy's Tip 휘핑 시 노른자, 물 등 이물질이 전혀 없는 깨끗한 날을 사용하세요.

6 백설탕A를 3회에 걸쳐 나눠 넣는다. 넣을 때마다 30초씩 휘핑한다.

7 휘퍼를 천천히 들어올렸을 때 뾰족한 뿔이 생기면 휘핑을 멈춘다.

8 4의 노른자 혼합물을 넣고 핸드믹서 저속으로 부드럽게 섞는다.

Joy's Tip 70% 정도 섞일 때까지만 혼합하세요. 머랭 베이스의 반죽은 실리콘 주걱으로 많이 섞을수록 거품이 꺼져서 납작하고 질긴 시트가 됩니다.

9 박력분 절반을 체 쳐 넣고 날가루가 듬성듬성 보일 때까지 실리콘 주걱으로 혼합한다.

10 나머지 박력분을 전부 체 쳐 넣고 날가루가 보이지 않을 때까지 혼합한다.

Joy's Tip 실리콘 주걱으로 반죽을 넘겼을 때 퍼지지 않고 모양이 유지되는 상태입니다.

11 지름 1cm 원형 깍지를 끼운 짤주머니에 반죽을 담아 도안대로 짠다.

12 뿌리기용 분당을 전체적으로 뿌린 후 흡수되면 한 번 더 뿌린다.

13 예열한 오븐에 넣어 170℃에서 12분 전후로 굽는다. 식힘망에 올려 완전히 식힌다.

14 직사각형 모양의 비스퀴는 가장자리 반죽을 모두 제거한다. 길이가 5cm가 되도록 재단한다.

15 원형 비스퀴도 가장자리를 가위로 잘라 지름 13cm 크기가 되도록 만든다.

16 무스 링 안쪽에 무스 띠를 두른다. 직사각형 비스퀴가 2cm 정도 겹치도록 재단한다.

17 가장자리에 비스퀴를 팽팽하게 끼워 넣는다. 원형 비스퀴를 바닥면이 위를 향하도록 끼워 넣는다.

18 바르기용 시럽을 바닥과 옆면에 전체적으로 바른다.

19 망고 크레뮤를 옆면 비스퀴의 1cm 아래까지 채워 넣는다. 윗면을 편평하게 정돈한다.

20 원형 비스퀴를 끼워 넣고 윗면에 바르기용 시럽을 바른다.

21 토핑용 생크림과 백설탕을 최대한 단단하게 휘핑해서 무스 띠 높이까지 채워 넣는다. 스패출러로 윗면을 편평하게 정돈한다.

22 남은 생크림을 가장자리에 짜 올리고, 중앙에 망고를 채워 넣는다.

Joy's Tip 크기가 작은 망고는 아래에 깔고, 예쁘게 자른 망고는 위에 올려주세요.

23 허브 잎, 식용 금박 등으로 장식한다.

24 3시간 이상 냉장 숙성 후 무스 링을 제거한다.

Joy's Tip 망고 크레뮤가 굳기 전까지 무스 링과 무스 띠는 절대 제거하지 마세요.

섭취 및 보관 냉장 3~4일

모엘루 오 쇼콜라

모엘루(Moelleux)는 프랑스어로 '부드럽다'는 뜻이에요.
직역하면 쇼콜라(Chocolat)가 들어간 부드러운 케이크라는 뜻이지요.
여기에 가나슈 몽테 크림으로 장식해 깊은 초콜릿 풍미를 느낄 수 있어요.

재료

1개 분량

케이크 시트 반죽	다크 커버춰 초콜릿(57%) 140g, 무염버터 54g, 전란 150g, 바닐라익스트랙 2g, 백설탕 63g, 소금 0.5g, 박력분 70g, 코코아파우더 5g, 베이킹소다 2g
가나슈 몽테 크림	다크 커버춰 초콜릿(57%) 130g, 무염버터 20g, 생크림A 130g, 생크림B 130g
데코레이션 크림	생크림 60g, 백설탕 3g
토핑	코코아파우더 약간, 산딸기 적당량, 식용 금박 적당량

도구

지름 18cm 믹싱볼, 중탕볼, 거품기, 실리콘 주걱, 체망, 핸드믹서, 핸드블랜더, 유산지, 1.5cm 각봉, 식힘망, 높은 원형 1호 틀(지름 15cm×높이 7cm), 지름 1cm 원형 깍지, 시폰 깍지

준비 작업

- 모든 재료는 실온 상태로 준비하세요.
- 다크 커버춰 초콜릿은 1cm 정도 크기로 다져서 준비하세요(칼리바우트 제품은 바로 사용).
- 박력분, 코코아파우더, 베이킹소다는 미리 함께 섞어 두세요.
- 데코레이션용 생크림은 차갑게 준비하세요.

맛 변형 Tip

- 단맛을 줄이고 싶다면 카카오 함량이 높은 커버춰 초콜릿(60~70%)을 사용하세요.

Recipe

가나슈 몽테 크림

1 중탕볼에 가나슈 몽테 크림용 다크 커버춰 초콜릿과 무염버터를 넣고 완전히 녹인다.

2 따뜻하게 데운 생크림A(70℃ 전후)를 2회에 걸쳐 나눠 넣고, 넣을 때마다 실리콘 주걱으로 골고루 섞는다.

3 매끈한 질감이 될 때까지 핸드블랜더로 유화시킨다.

Joy's Tip 이때 공기가 혼입되지 않도록 주의하며 천천히 원을 그리며 유화합니다.

4 3을 믹싱볼에 옮긴 후 차가운 생크림B를 3회에 걸쳐 나눠 넣는다.

Joy's Tip 이전에 넣은 생크림이 완전히 섞인 후 다음 생크림을 투입하세요.

5 실리콘 주걱으로 골고루 섞은 후 밀착 랩핑해 최소 3시간 이상 냉장 휴지한다.

6 사용하기 직전에 핸드믹서 중속으로 휘핑한다. 천천히 들어올렸을 때 뾰족한 모양이 유지되면 마무리한다.

Joy's Tip 고속으로 휘핑하거나 오래 휘핑하면 반드시 분리되니 짧게 휘핑해서 매끈한 텍스처로 사용하세요.

케이크 시트 반죽&마무리

1 원형 틀에 식용유(분량 외)를 얇게 바른 후 유산지를 재단하여 부착한다. 이때 오븐은 180℃로 예열을 시작한다.

2 중탕볼에 케이크 시트 반죽용 다크 커버춰 초콜릿과 무염버터를 넣고 완전히 녹인다. 사용 전까지 잠시 한쪽에 두어 식힌다.

3 믹싱볼에 전란, 바닐라익스트랙, 백설탕, 소금을 넣는다. 핸드믹서 중속으로 5분간 휘핑해서 3배가량 부풀린다.

4 35℃ 전후로 식은 2를 3의 반죽에 넣는다.

5 저속으로 휘핑해서 골고루 섞는다.

6 가루 재료를 전부 체 쳐 넣는다.

7 실리콘 주걱으로 날가루가 보이지 않을 때까지 부드럽게 혼합한다.

8 틀 안에 반죽을 전부 넣고 윗면을 편평하게 정돈한다.

9 작업대에 5회 이상 내리쳐 큰 기포를 제거한다.

10 오븐에서 170℃로 35분간 굽는다.

Joy's Tip 중앙을 꼬지(케이크 테스터)로 테스트했을 때 반죽이 묻어나오지 않아야 합니다.

11 오븐에서 꺼내자마자 작업대에 1회 내리쳐 쇼크를 준 후 식힘망 위에 뒤집어서 완전히 식힌다.

Joy's Tip 시트는 완전히 식은 후 랩핑하여 실온에서 하루 정도 숙성하면 더욱 풍미가 좋아집니다.

12 유산지를 제거한 후 케이크 시트를 3cm 두께로 자른다.

Joy's Tip 1.5cm 각봉을 사용하면 균일하게 자를 수 있습니다.

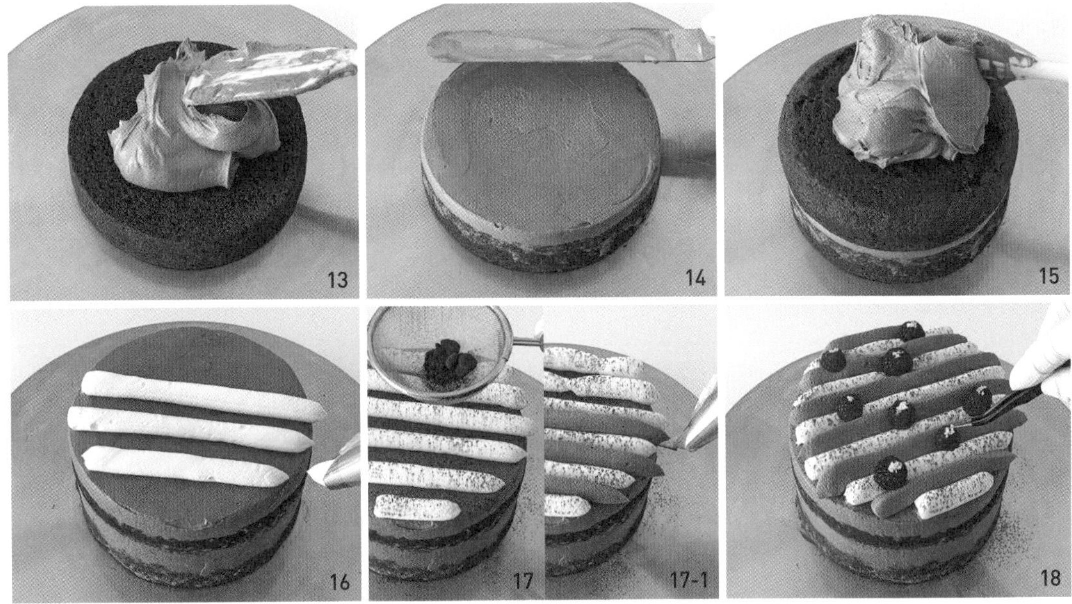

13 돌림판 위에 케이크 시트를 한 장 올린 후 가나슈 몽테 크림을 1/3정도 올린다.

14 스패출러로 윗면과 옆면을 편평하게 정돈한다.

15 13~14번 과정을 2회 반복한다.

16 시폰 깍지를 끼운 짤주머니에 데코레이션 크림을 담아 윗면에 1cm 간격으로 짜 올린다.

Joy's Tip 데코레이션용 차가운 생크림과 백설탕을 최대한 단단하게 휘핑한 후 사용하세요.

17 코코아파우더를 전체적으로 얇게 뿌리고 빈 공간에 가나슈 몽테 크림을 짜 올린다.

18 산딸기(제철 과일로 대체 가능), 식용 금박 등으로 장식해 마무리한다.

섭취 및 보관 냉장 1주